口絵 1　アルプスの氷河を観察して分布図を作成する（スイスでの野外巡検）

口絵 2　ツンドラ地域の地下構造（永久凍土の深さ）を電磁波によって観測する

口絵 3　甲府盆地のブドウ農家で聞き取り調査を行う

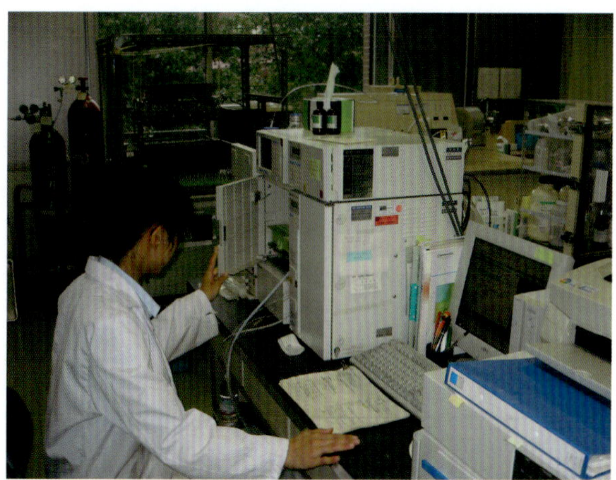

口絵 4　イオンクロマトグラフ法で水サンプルを分析する

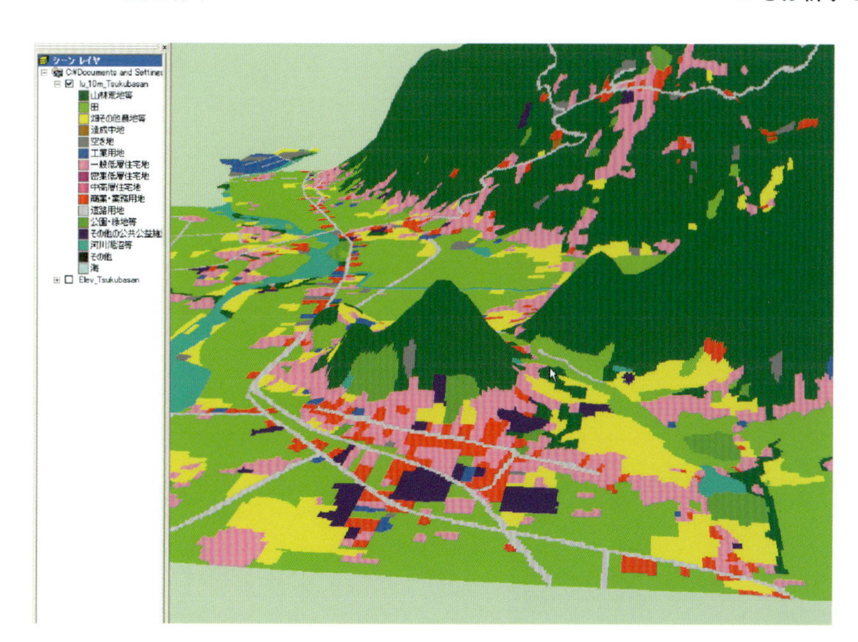

口絵 5　GIS を使って，筑波山麓の土地利用と地形の対応を 3 次元で表示する

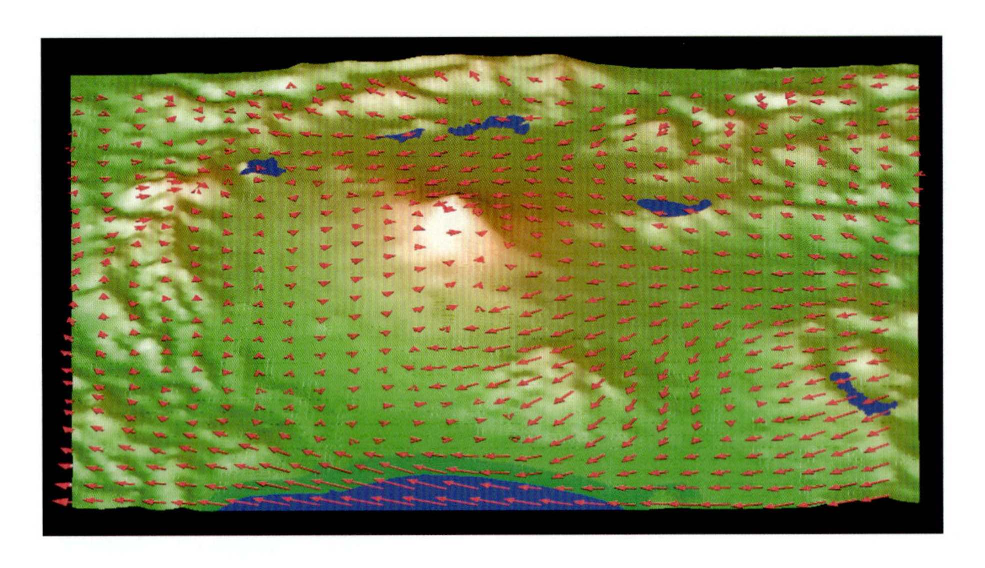

口絵6　数値シミュレーションによって，富士山周辺の風系を解析する

2006年９月16日午後１時．矢印は高度10mの風の方向と大きさを表わす．

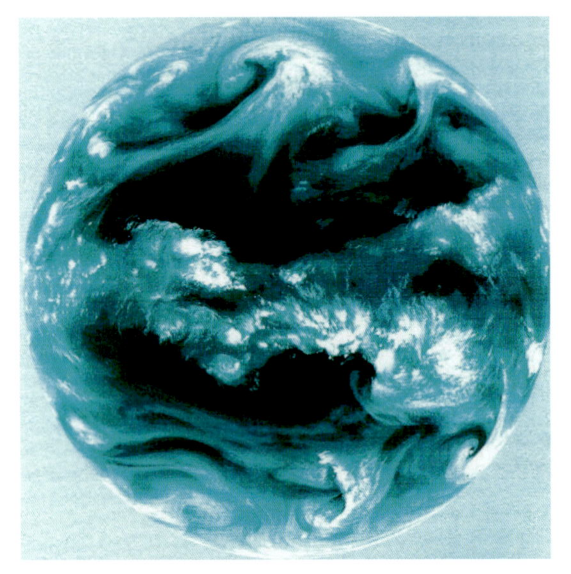

口絵7　気象衛星ひまわりによる水蒸気画像（気象庁提供）

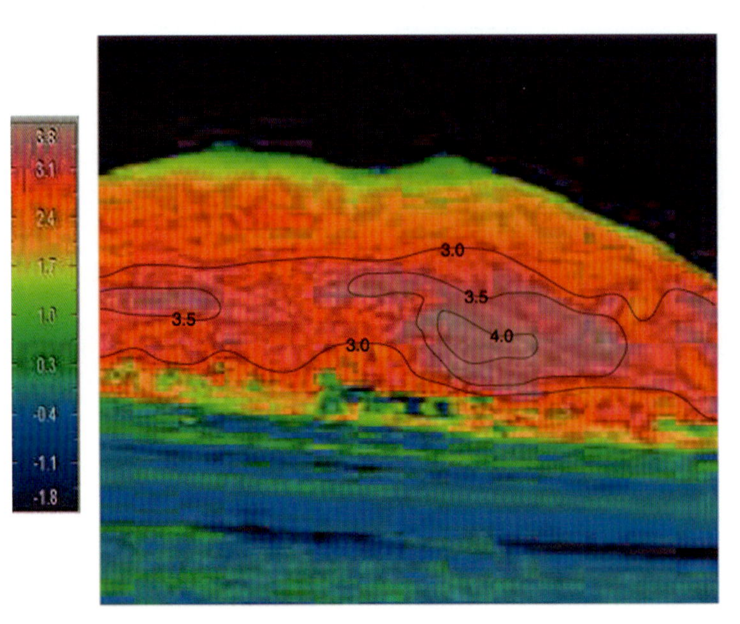

口絵8　熱赤外線画像による筑波山の斜面温暖帯

2002年12月20日３時42分に図4.5の左上隅の地点から撮影．放射冷却のため，斜面の温度が山頂や平野と比べて高くなっている．

地球学シリーズ 1

改訂版 地球環境学

地球環境を調査・分析・診断する

松岡憲知・田中 博・杉田倫明・八反地 剛・
松井圭介・呉羽正昭・加藤弘亮 編

古今書院

本扉（前ページ）の写真解説

地球環境学の野外実習風景（伊豆新島・羽伏浦海岸）
平安時代の火山活動でつくられた台地を太平洋の荒波が侵食してきた様子を観察する.
(マルチコプターによる撮影:2018 年 12 月 1 日木附貴哉氏撮影)

Editors: Norikazu Matsuoka, Hiroshi Tanaka, Michiaki Sugita, Tsuyoshi Hattanji, Keisuke Matsui, Masaaki Kureha and Hiroaki Kato
Title: *Geoenvironmental Sciences*, Revised Edition (Geoscience Series 1)
Publisher: Kokon Shoin

まえがき

大学での地球を対象とする基礎的な講義は，従来は「地学」，「地球科学」，「地理学」，「地質学」などの名称で行われてきた。これらの学問分野では，地球上で起こるさまざまな自然・人文現象を科学的に分析し，理解することに重点が置かれていた。しかし，「地球環境問題」が全世界の関心事になった現在，旧来の学問分野を超えて地球を総合的に理解し，さらには診断し，処方する学問の必要性が高まってきた。そこで，各大学には「地球環境」の名称を冠したコースや授業が広く設けられるようになった。しかし，発展途上にある分野だけに，学問体系はまだ定まっていない。とくに，大学の学部レベルで教えるべき基礎的な内容を網羅した教科書がきわめて少ないのが現状である。

本書は，大学の学部レベルにおける，専門基礎科目としての「地球環境科学」の体系的な教科書として編集されたものである。執筆には，筑波大学生命環境学群「地球学類」の担当教員があたり，地球科学・環境科学・地理学などの分野における，地球環境の基礎を学ぶ授業で広く使える教科書をめざして編集した。キーワードや専門用語には説明を付し，図表をできるだけ使用することで，地球環境に関心のある一般社会人の独習にも適するように配慮した。また，入門書としての内容にとどまらず，今後，より専門的・先端的な地球環境学を学ぶ読者にとって，必要となる基礎知識が取得できるように努めた。

本書では，まず第Ⅰ部で，地球環境をシステムとして取り扱う重要性について述べた後，地球環境学の二大課題ともいえる「地球環境問題」と「自然災害」について概説する。さらに，地球環境を調べて分析する手法について述べる。第Ⅱ部～第Ⅳ部では地球上の自然環境の基礎を学ぶ。第Ⅱ部は大気圏の諸現象，第Ⅲ部は水圏，とくに水循環に関連する諸現象，第Ⅳ部は大気圏・水圏・岩石圏の境界である地球表層の諸現象を扱う。第Ⅴ部以降では地球環境と人間のかかわりが主要なテーマとなる。第Ⅴ部では環境と人間の関係について多面的に分析し，第Ⅵ部では地域という視点から人間をとりまく環境を考える。そして，最後の第Ⅶ部では地球や人類が直面する重要課題，とくに「地球温暖化」，「激甚災害」，「水不足」，「人口増減」について考えるとともに，地球環境の「持続可能性」を探る。コラムでは最近のトピックの一部を紹介する。

2007 年に本書の初版（右写真）を刊行して以来 11 年が経過した。その間の学問の進展や社会情勢の変化により，記述内容や資料を改訂する必要が生じてきた。そこで，本改訂版では，構成と内容を全面的に見直し，教科書としての汎用性を高めるとともに，独習者により使いやすいように配慮した。主な修正点は，地球環境学の基礎的な手法・技術については第 2 章に集約し，第 3 ～ 20 章では諸分野の基礎項目について解説し，第 21 ～ 24 章で応用編として個別の環境問題や災害について詳述した点である。その結果，初版の 30 章構成から 25 章構成へと変更した。

初版「地球環境学」
2007 年刊

地球環境システムについては，本書の取り扱った範囲のほかにも，地球の歴史的変遷，地球内部の構造と運動，生物圏の影響など網羅する必要のある分野は少なくない。そのいくつかの領域は，本地球学シリーズ第 2 巻「地球進化学」で扱っているので，本書と合わせて学習し，地球を総合的に理解するための基礎を身につけていただければ幸いである。また，本書で扱うテーマに関して，実際に調査や解析を進める場合には，本地球学シリーズ第 3 巻「地球学調査・解析の基礎」の活用を薦める。本書との併用により，自然景観の見方，人間を対象とするインタビューやアンケート，器材を使った野外調査，実験室での分析手法などの基礎を学ぶことができるだろう。

最後に，本改訂版の編集を手伝って下さった筑波大学の篠崎鉄哉氏と秋山千亜紀氏，ならびに出版にご尽力いただいた古今書院の社長橋本寿資氏，編集部の関　秀明氏に深く感謝する。

2019 年 1 月

地球環境学編集委員会

目　次

第 I 部　地球環境システム

第1章　地球環境システムとは何か

(1) 地球環境システムとは何か

「**地球環境システム**（geoenvironmental system）」とは何か？　本書では，「**大気圏**（atmosphere）・**水圏**（hydrosphere）・**地圏**（geosphere）・**生物圏**（biosphere）・**人間活動**（human activity）からなる地球環境の実態とその相互作用」と定義する。20 世紀において，地球環境にかかわるそれぞれの学問は細分化し，専門化してきた。専門化には，研究対象に対して，高度な実態把握や分析ができるという非常に優れた面がある一方，地球環境のもつシームレス性，相互作用などについての探求がおろそかになりがちであるという問題点も内包する。そこで，さまざまな地球環境の素過程の解明と，相互作用の解明，将来予測を行う総合的な学問の構築が望まれている。

近年，**地球環境問題**（global environmental problems）に対する関心が世界的に高まっていることを反映して，多くの大学に地球環境に関する研究科，学部，学科が創設されるようになった。ところが，「(地球）環境科学」というものの実体はいくつかの分野の寄せ集めであることが少なくない。専門分野を調べてみても，地球物理学，環境化学，生物学，農学，地理学などの専門家が，1 つの研究科ないし学科に所属しているものの，大学によって教員の構成がばらばらで，網羅すべき研究分野がはっきりしない。しかも，元々の専門分野を基礎として，地球環境についての応用的な視点を加えた研究を行っていることが多い。ある問題に特化した取り組みは，その問題解決のためには有効な手法となるが，その一方で，環境問題の根本的解決やより正確な**環境影響評価**のためには，さまざまな環境問題の基礎としての大気圏・水圏・地圏・生物圏・人間活動の相互作用に関する横断的な理解が重要である。

さらに，2011 年に発生した**東日本大震災**以降，**自然災害**（natural disaster）の発生予測と対策の強化が国の最重要課題の一つとして位置づけられた。気象災害，水災害，土砂災害，地震災害，火山災害などの**防災**や**減災**は，地球科学分野を核として，工学，生物学，情報科学，医学，経済学などの諸分野も加えた横断的な「自然災害科学」で取り組むべき課題となった。

このような社会的な要請をふまえ，各専門分野の最新の知見に加え，従来の枠組みを超えて「地球環境学」を再構築する必要性が出てきた。そこで，本書においては，大気圏，水圏，地圏それぞれに基礎を置いた**自然環境**の解明に加え，さまざまな視野からの人間活動と地域との関連について，基本的な概念を中心に解説する。さらに，「地球環境学の課題」として，地球温暖化，集中豪雨，水質汚染，水不足，森林破壊，土砂災害などの具体的な問題について概説する。これらの例からも，地球環境のもつシームレス性，相互作用の一端を垣間見ることができるであろう。このように，大気圏・水圏・地球表層で生起する自然現象と人間活動について，詳細かつ総合的に論じた点が本書の特色となっている。

(2) 地球環境問題

人類は，自然を改変してエネルギー源である食糧を生産してきた。こうした人間活動の影響が自然の環境修復能力を超えた時点で，多様な負の地球環境問題が現れるようになった。地球環境問題として重要なものに，**地球温暖化**（global warming），**海面上昇**（sea level rise），**砂漠化**（desertification），**大気汚染**（air pollution），**酸性雨**（acid rain），**オゾン層破壊**（ozone depletion），**熱帯林破壊**（tropical deforestation），**海洋汚染**（marine pollution）などがある。これらの現象は密接に関連しており，ある問題の発生により別の問題が助長されるという**フィードバック**（feedback）の効果が現れることも少なくない。

近年における地球環境問題に関する国際的なできごとを表 1.1 に示す。1960 年ころまでは，ほとんど環境劣化に関する認識がなかった。1985 年にはオゾン層を保護するための国際条約であるウィーン条約が採択され，その 2 年後にはオゾン層破壊物質を規制する具体的な計画が示された。最近は，**気候変動**（climate change），とくに地球温暖化の問題がクローズアップされている。最初に気温上昇に対する警告が発せられたのは，1985 年のフィラハ会議である。会議では「来世紀前半の世界の気温上昇はこれまで人類が経験したことがない大幅なものになるだろう」という宣言が採択された。その後「気候変動に関する政府間パネル（IPCC）」や「気候変動に関する国際連合枠組条約締結国会議（COP）」などが設置され，また 2005 年には京都議定書が発効するなど，温暖化の影響評価および温暖化防止対策に関する国際的な取り組みが展開されている。このように，地球環境の変動が国際的に重要な問題となって以来，約 30 年が経過したことになる。

表 1.1　地球環境問題に関する国際的な流れ

1798 年	マルサス『人口論』
1962 年	レイチェル・カーソン『沈黙の春』
1972 年	ローマクラブ『成長の限界』
1977 年	国連砂漠会議（UNCOD）
1979 年	世界気候会議が温室効果による温暖化を警告
1980 年	米政府「西暦 2000 年の地球」
1985 年	フィラハ会議（「気候変動に関する科学的知見の整理のための国際会議」），「オゾン層保護のためのウィーン条約」
1987 年	「モントリオール議定書」
1988 年	気候変動に関する政府間パネル（IPCC）の設立
1990 年	IPCC 第 1 次評価報告書
1991 年	気候変動枠組条約（FCCC）の交渉開始
1992 年	気候変動枠組条約の採択，地球環境サミット開催（アジェンダ 21 採択，リオ宣言）
1993 年	経済協力開発機構（OECD）「農業と環境」合同専門部会設置
1994 年	レスター・ブラウン（ワールドウォッチ研究所）『地球白書』創刊「砂漠化防止条約（UNCCD）」採択
1995 年	気候変動枠組条約の第 1 回締約国会議（COP1）IPCC 第 2 次評価報告書
1996 年	シーア・コルボーン『奪われし未来』
1997 年	COP3（温暖化防止京都会議）「京都議定書」を採択
2001 年	IPCC 第 3 次評価報告書, 米国が議定書から離脱, COP7 で議定書の実施ルールに最終合意
2002 年	日本や欧州各国が議定書批准日本政府が「地球温暖化対策推進大綱」を決定
2003 年	第 3 回世界水フォーラム開催レスター・ブラウン（アースポリシー研究所）「プラン B」
2005 年	「京都議定書」の発効
2007 年	IPCC 第 4 次評価報告書
2013 年	IPCC 第 5 次評価報告書

化石燃料（fossil fuel）の燃焼など，人間活動により排出された気体（二酸化炭素，メタン，一酸化二窒素など）には**温室効果**（greenhouse effect）を引き起こすものが含まれる。これらの温室効果ガスの濃度が高まるにしたがって，過去 100 年間に地球の陸地上の平均気温が 0.6℃上昇した。とくに最近の 50 年間の昇温率は顕著で，今世紀末にはさらに 2.6 ～ 4.8℃上昇することが予測されている（第 21 章参照）。今後，さまざまな方面に温暖化の負の影響が及ぶことが懸念される。植生に関していえば，大気中の二酸化炭素濃度の上昇により，むしろ光合成が促進すると考えられるが，気温上昇との複合効果で必ずしも生産力が高まるとはいえない。しかも，影響を受ける**生態系**（ecosystem）の応答が環境変化に対して直線的に変化しないために，影響予測には未解明の点が多い。最近では，大気中の二酸化炭素濃度が一定水準に安定することを想定し，そうした環境でどのような影響が現れるかを，影響削減策をも考慮したうえで評価する必要性が指摘されている。

地球温暖化にともない極域の氷床が融解すると同時に海水温が上昇し，海水の容積が増す結果，海水面が上昇すると予想されている。中程度の温室効果ガス排出シナリオをもとにした数値実験では，今世紀末ころには数十 cm 上昇すると予測されている。すでに海面上昇は起こっており，たとえばツバル共和国では土壌が作物栽培に不適になり，国土そのものが消滅する危険性が生じている。

砂漠化とは，**過放牧**（overgrazing）や薪炭の過剰採取，また乾燥した気候条件での灌漑用水の多用により**塩類集積**（salt accumulation）などが起こり，従来農牧に適していた土地の生産性が極度に低下し，不毛な土地の面積が拡大する現象である。砂漠は赤道をはさんで南北約 15°～30° の地帯に広く分布しているが，なかでも中国の黄土高原やアフリカのサハラ砂漠南縁では激しい砂漠化が進行している。

人為的な汚染物質の排出により，大気中の微量成分が変化し，大気汚染が起こる。化石燃料の燃焼にともなう大気中の**硫黄酸化物**や**窒素酸化物**濃度の上昇は先進国では改善されているが，開発途上国では依然として深刻である。有害物質のうち**浮遊粒子状物質**（SPM），とくに **PM 2.5**（径 2.5 μm 以下の粒子）は長く大気中を浮遊し，発生源から遠く離れた場所まで運搬されるため，世界各地で人体への影響が懸念されている。

大気汚染物質は酸性雨（広義には酸性霧，酸性雪なども含む）の原因にもなる。大気中の二酸化炭素が雨水に溶け込むと pH は 5.6 になり，この値より低い pH の雨が酸性雨である。実際には，二酸化炭素のほかに硫黄酸化物なども溶解するので pH 5 程度が自然の状態と考えられ，日本における雨水の平均的な状態は pH 4.8 程度といわれている。問題になっているのは，人為起源の酸化物により自然状態よりも酸性化が進んだ酸性雨である。酸性雨により，湖沼の酸性化による水域生態系の変化，森林土壌の酸性化による枯死，コンクリートや大理石の溶解による建物の損傷などが起こっている。

オゾン層破壊が明らかになって以来，原因となるガス類の規制が進んでいるが，オゾン層破壊自体が止まったとはまだ考えられていない。オゾン層は**成層圏**（第4章参照）にあり，地球に入射する太陽光線のなかで生物に有害な紫外線（UV-B）を吸収する役目を担っている。しかし，近代化した生活のなかで広く使用されるようになった**フロン**（炭素・フッ素・塩素・水素の化合物）が成層圏に蓄積し，紫外線と光化学反応を起こして塩素原子を放出する。この塩素原子がオゾンを連鎖的に破壊することによって，オゾン層破壊が起こる。南極上空でのオゾン減少がとくに顕著である。

熱帯林は，南アメリカのアマゾン流域と中央アメリカ，アフリカ中央部のコンゴ河流域，アジアのインドシナ半島，東南アジアなどに分布する。降水量や気温により，熱帯多雨林，熱帯季節林，熱帯サバンナ林に分けられる。1960～90 年の 30 年間に，これらの熱帯林の面積が，アジア地域では 30％，アフリカとラテンアメリカではそれぞれ 18％失われた。商業的な伐採が進んだことが森林面積の減少の原因として指摘されている。

人間活動による廃棄物が海域に流失し，海洋汚染が起こる。有害な化学物質による汚染とともに，水に溶けにくいプラスチックが長期間漂流し，海洋生物の体内に入り込み，海洋生態系に悪影響を及ぼすことが問題視されている。

(3) 自然災害

地球環境問題と双璧となる地球環境学の課題が自然災害の原因を解明し，予測や対策を講じることである。日本は，地球上でも有数な**ジオハザード**（geohazard）を受けやすい「災害大国」となっており，毎年のように犠牲者をともなう災害が発生している。これは，プレート運動に起因する地震災害や火山災害，豪雨・豪雪・暴風などの気象災害とその結果起こる洪水・高潮など水災害，それらの諸災害を引き起こす自然現象が地球表層に作用して起こる崩壊・土石流・液状化などの土砂災害など，さまざまな自然災害のリスクを抱えているためである。地震・津波・噴火・台風など突発的な現象にともなう災害は，5 世紀より史料に記録されており，被害を軽減するための対策も講じられてきた。一方で，カルデラ噴火など，地学的証拠はあるが，有史以降は人々が経験していない，広域に壊滅的被害を及ぼす可能性のある災害については，いつ発生し，どのような被害がありうるか，予測不能である。人間生活や社会経済への負の影響をできるだけ軽減するために，防・減災は常に日本の最大の課題となっている。第 22 章では，このような自然災害の実態と予測や防・減災の現状についてさらに詳しく紹介する。

第 2 章　地球環境学の見方・考え方：地球環境の調査・診断法

(1) フィールドワーク

地球環境を調べるうえで最も基本となるのは**フィールドワーク**（fieldwork）である。衛星画像，地上の映像，統計資料，観測資料など，研究対象地域に関する多種の情報が入手できるようになった現在でも，現地に出向いてフィールドワークを行う意義は大きい。地球環境の研究者たちは，熱帯雨林から砂漠や極地まで，地球上のありとあらゆる地域に調査に出かける。なぜならば，地球環境システムを統一的に理解するためには，地球全域の情報が必要となるためである。人類がまだ到達できない地球以外の惑星の環境を理解するために，地球上の類似環境でフィールドワークを行う研究者もいる。たとえば，低温で乾燥した火星の地表景観は，南極大陸の氷の上にそびえる山々（極地砂漠）との比較によって考察されている。

フィールドワークにはさまざまな手法が使われ，その手法は研究分野によっても異なる。まず，現地では，目や耳など人間の五感を駆使した**観察**（observation）が基本になる。雲の分布や種類，植生の分布，河川の汚染状況，各種の地形の分布，堆積物の構造，土地利用，集落の構造など，地球環境にかかわる**景観**（landscape）や諸現象を観察し，フィールドノートや電子機器に記録し，地図上に記載（マッピング）する（口絵 1）。また，環境問題や人間活動に関して，聞き取りやアンケートを実施し，その結果を統計的に解析することも重要な手段となる。

大気・水・地形など自然環境のフィールドワークでは，観察とともに**観測**（observation）が行われる。気温や風向・風速を測る気象観測機器，河川の流速・地下水位などを測る水文観測機器，地図作成のための測量機器，地下構造を調べるための物理探査機器などを持参し，各要素を**測定**（measurement）して，定量的なデータを得る（口絵 2）。また，自動的にデータを収録する装置（データロガー）に各要素を測るためのセンサーを接続し，現地に長期間設置して，気象・水文要素の季節変動や，地すべり・土石流などの発生時期の**モニタリング**（monitoring）を行う。実験室でより精密に分析するために，現地で試料の**サンプリング**（sampling）を行う場合も多い。たとえば，大気の汚染状態を知るための大気の試料，水質を調べるための河川水や地下水の試料，地表構成物質の性質を調べるための岩石や土壌の試料などが採取される。

人間環境のフィールドワークでは，景観調査，土地利用調査，統計資料の収集，聞き取り調査，アンケート調査が行われる。フィールドワークに必要な道具は，基本的には，フィールドノート，地図，カメラである。また，可能であれば，ノートパソコン，統計資料，名刺，空中写真，ハンディ GPS，ボイスレコーダーなども携帯する。**景観調査**では，デジタルカメラで景観を記録したり，特徴的な景観の要素をフィールドノートにスケッチする。**土地利用調査**では，役所の都市計画課などで 2,500 分の 1 程度のスケールの都市計画図を入手し，それをベースマップとして，土地利用を詳しく記載する。あるいは，最近では同縮尺レベルの電子地図をベースマップとして用いることもある。過去の土地利用を復元する際には，空中写真や住宅地図を使用する。**統計資料の収集**では，国の統計データ（センサスなど）および自治体の各種統計データをインターネット，図書館，あるいはそれぞれの役所で探索し入力する。調査地域の住民を対象に行う**聞き取り調査**（口絵3）は，1件あたり1時間に及ぶことが普通であるので，あらかじめ聞き取る内容を絞ったうえで，独自の聞き取り票やフィールドノートに記載する。調査会話の内容を正確に記録するために，相手にことわってから，ボイスレコーダーを使用する場合もある。**アンケート調査**は，聞き取り調査と比較して情報の損失量が多いものの，大量のデータを得たい場合には便利である。

このようなフィールドワークの手法を身につけるために，大学の授業では**野外巡検**（field excursion）が重視されている。講義や文献調査だけでは理解できずに積もっていた疑問が，実地で観察することにより一気に解決した，という経験ができるのも，巡検の魅力である。世界各国から研究者が一同に集う地球環境学に関する国際会議でも，会議の前後に開催地域周辺を見学する野外巡検が実施される。これは，めったに訪れることのない地域の景観を観察する絶好の機会となるし，さまざまな自然・人文現象を見ながら世界の研究者と未解決の問題を討論するのは，とても刺激になる。

(2) 室内実験・分析

地球環境の研究で**室内実験**（laboratory experiment）を行う目的の1つは，**模型実験**（後述のシミュレーションの一種）である。野外では観測できない現象を室内でさまざまな条件を制御した状態で再現することで，その現象の本質に迫ろうとするのである。たとえば，河川の蛇行の形成条件を野外観測によって調べようとすると，長期にわたって観測を継続する必要があるし，また観測期間中に地形を変えるような大規模の洪水が発生するとは限らない。このような場合，河川を縮小した水路の模型をつくり，室内で河床の構成物質・水理条件・勾配などを制御して，どのような条件下で蛇行の形が変化するかを調べる手法が有効である。

室内実験および**分析**（analysis）のもう一つの目的は，フィールドワークで得られた生のデータや情報を加工したり，採取した試料を精密機器で詳細に調べることで，生データに隠れている情報，サンプルのままではわからない情報を引き出すことにある。

水質分析を例にあげてみよう。さまざまな汚染物質の濃度を精度よく測定できる分析装置を持ち歩くことは一般にむずかしい。このため，フィールドでの測定は比較的容易に測定できる項目（たとえば水のpH，水温）に限られており，その代わりに室内で詳細な分析を行うための試料を採取するのである。塩化物イオンや硝酸イオンなどの水質分析で一般的に用いられるイオンクロマトグラフ法（口絵4）なら数十mL程度の試料があれば十分である。採取した試料はなるべく早く実験室に持ち帰り，分析装置にかける。分析の結果は，装置の測定誤差に注意して有効数字を明らかにして研究に用いる。また，同一の試料を3～4個同じ装置で分析して，誤差の範囲を知ることも重要である。

地球環境の研究では，この他にも室内実験や分析が必要な対象が数多く存在する。たとえば，土壌や植物試料，あるいはアンケート調査票などである。土壌のサンプルを持ち帰り，室内で透水試験を行えば，土の透水性を調べることができる。植物サンプルを持ち帰り，乾燥させて重量を計ることでバイオマス（生物体量）を求めることができる。また，アンケート調査票を集計し，統計計算ソフトで解析することで，個々のアンケートだけからはわからない全体の傾向を把握することができる。次項で述べるリモートセンシングやGIS

もフィールドで取得した空間分布データの分析に用いられる有力な手段である。

このように，地球環境の研究ではフィールドワークが出発点である場合が多いが，いかによいアイデアをもって分析を実行するか，いかに室内実験や分析結果から必要な情報を引き出すかも，フィールドワークと同等あるいはそれ以上に重要である。また，水質分析の例でも明らかなように，室内実験や解析に適するデータや試料をフィールドワークで取得できるように，念入りに事前の計画を組むことが大事である。

(3) シミュレーション

自然科学では，現象を単純化したり，より明快に表現するために，概念図，模型（実験装置），数式などを用いた**モデル化**（modeling）が広く行われている。このモデル化においてよく利用されるのが，**シミュレーション**（simulation）という手法である。

シミュレーションは**模擬実験**を意味する言葉であり，模型や実験装置（実験設備）を用いて行う物理現象の再現実験，あるいは**数値モデル**（numerical model）を用いた再現実験を意味する。前者には，風洞実験や水路実験などがある。最近では，シミュレーションというと後者，すなわち物理法則に基づいた支配方程式を数値的に解くことにより，現象をコンピュータ上で再現する**数値シミュレーション**（numerical simulation）を指すことが多い（口絵6）。数値シミュレーションの定義に数値予測や数値実験を含めることもある。数値予測は，数値モデルを時間積分することによって未来の現象を**予測**（prediction）する手法であり，気象モデルを用いた天気予報（数値予報），気候モデルを用いた地球温暖化予測，タンクモデルを用いた河川流量予測などがその例である。数値実験は，数値モデルを用いた実験のことであり，たとえば，山岳を取り除いた，あるいは土地利用分布を変えた計算を行うことにより，着目している現象に対するこれらの影響を明らかにすることができる。

現象を支配する方程式を解くことができれば，そのふるまいを知ることができる。しかしながら，大気や水の流れを表す流体力学の方程式のように，非常に限られた条件の下でしか解析解を得ることができない方程式も存在する。また，地球温暖化のように実験ができない現象，マントル対流のように観測ができない現象もある。数値シミュレーションは，解析解を得ることができない現象，実験や観測が困難な現象に対して，定性的あるいは定量的な洞察を与えてくれる。数値シミュレーションをはじめとする計算科学の手法は，理論，実験に次ぐ第三の手法として注目されている。

シミュレーションは人文・社会現象の研究においても重要な手法であり，ある現象が時間的または空間的に推移した結果を予測するのに用いられる。たとえば，集落の分布や都市の内部構造の発展・変容，人間の空間的行動，イノベーションの空間的拡散などが研究対象となっている。いくつかの現象のシミュレーションを組み合わせることもある。防災を例にあげると，災害の規模と分布，人間の避難行動とそれに対する支援，さらには復興の手順といった複数の要素のシミュレーションが必要となる。理論と応用の両面において，シミュレーションは今後ますます重要になるであろう。

第3章　空から地球環境を俯瞰する

(1) はじめに

近年，地球の表面や大気圏において人間活動（森林の商業伐採，農地の開発，住宅地への転用など）を主因とするような変化が生じており，地球温暖化，集中豪雨，水質汚染，干ばつ，森林破壊，土砂災害などのさまざまな地球環境問題が引き起こされている。「いったい我々の地球は今どうなっているのだろうか？」「昔と比べて，どう変わっただろうか？」「これから我々はどうしたらよいのだろうか？」これらの問題に答えるために，地球を長期的にグローバルな視点からモニタリング（監視）していくことが重要である。この地球環境をモニタリングする手段として，人工衛星や地図から得られる大量の画像・数値情報を処理する技術が急速に発展を遂げている。この地球の情報を収集・処理する技術の両輪となるのが，**リモートセンシング**（remote sensing）と**地理情報システム**（**GIS:** geographic information systems）である。この2つの手法は，陸域・海洋・大気中におけるさまざまな現象を迅速かつ効率的に観測・解析することができるので，地球規模の環境観測や遠隔地における災害監視をはじめ，多岐にわたる分野で応用されている。

(2) リモートセンシングの定義と基本原理

リモートセンシングとは，遠方にある対象物から伝播してきた電磁波（光や熱など）をセンサで測定することによって，対象物に直接触れることなくその性質を調べる手法である。人工衛星や航空機に搭載されたセンサは，「人間の目」の役割を果たしており，可視光線から赤外線までをいくつかの波長帯（バンドとよばれる）に分けて，物質の分光反射特性（波長毎の反射率）を観測する。

この物質の分光反射特性は，物質中に存在するさまざまな成分の量と割合に応じて変化する，物質の固有性質である。その例として，地球表面を構成する代表的な要素である水，土壌，植物の可視から短波長赤外線までの分光反射率（波長毎の反射率）を図3.1に示す。純水の反射率は全体的に低く，可視・近赤外よりも長い波長域（0.8 μm以上）はすべて水に吸収される。一方，土壌の反射率は，可視光から短波長赤外線にかけて徐々に増加する。とくに，短波長赤外線では水や植物に比べて土壌（鉱物，岩石）からの反射率が強く，加えて粘土鉱物による特徴的な電磁波の吸収がみられる。植物の場合，0.45 μm（青）と0.65 μm（赤）付近でクロロフィル（葉緑素）による吸収，0.55 μm（緑）付近でやや強い反射を示すため，植物は緑色にみえる。また，近赤外域（0.7 ～ 1.3 μm）における高い反射率は葉の細胞構造に由来する。1.45 μmおよび1.9 μm付近での反射率の低下は，葉中に含まれる水分による吸収効果を反映する。

リモートセンシングによる観測には，受動的な方法と能動的な方法がある。前者では，対象物が反射・放射した電磁波をセンサで測定する（たとえば，地表面反射率，地表面温度などの観測）。後者では，レーダーなどから発射された電磁波・音波のうち，対象物によって反射され戻ってくる分を測定する（たとえば，降水やエアロゾルなどの観測）。また，現地調査による手法と比べ，人工衛星を利用したリモートセンシング（衛星リモートセンシング）は，広域性・瞬時性（広範囲

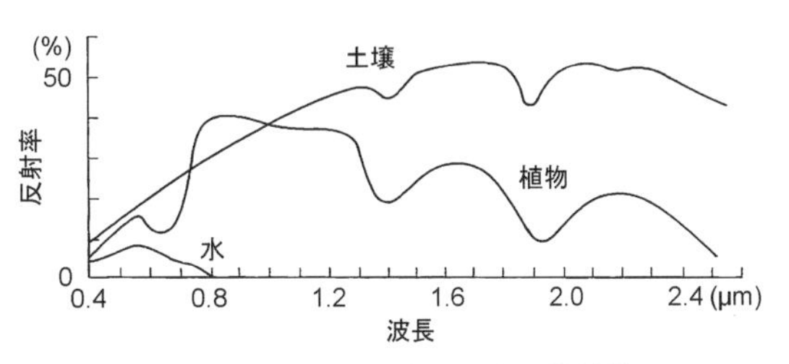

図3.1　水・土壌・植物の分光反射特性
(Richards and Jia,1998)

の情報を瞬時に捉える)，反復性・定期性（同じ地域を一定の時間間隔で繰り返し観測する)，継続性（長期間にわたって観測する)，非接触性（対象物に影響を与えることがなく，また，現地に行かなくても情報を得ることができる）という特徴をもつため，大気・海洋・陸域でのデータ収集や地球環境変動の監視に際して欠かせない観測手法になりつつある。

(3) GIS の定義と基本原理

GIS とは，位置情報をもつあらゆるデータを蓄積し，検索やさまざまな計算を加え，地図出力，空間的分析，および意志決定の支援を行うためのコンピュータシステムである（図 3.2)。多くの GIS は現実の地表面を**レイヤ**構造というモデルでコンピュータ内に再現する（図 3.3)。地表面は地形・気象・水文・植生といった自然的事物や，土地利用・建物・道路といった人工的事物に占められ，そこに経済・政治・文化といった人間活動が展開されている。こうした要素やそれらの関係の一つ一つについてコンピュータ内に地図が作られ，それぞれがレイヤとよばれる。レイヤには地物の位置や形態を示す図形のデータと，その地物の状態を表す属性のデータとが格納される。レイヤの集合によって現実の地表面が表されるのである。

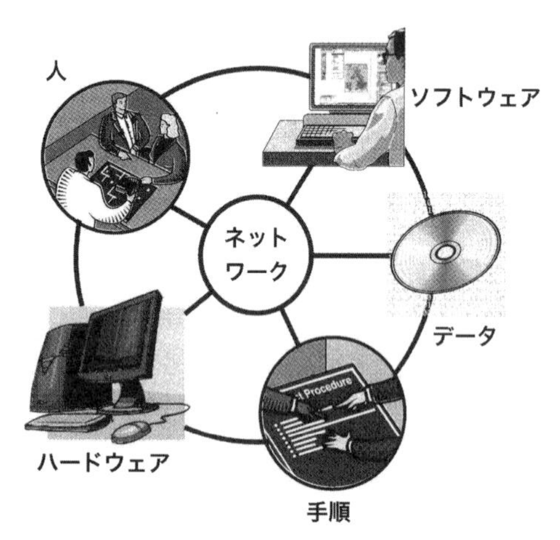

図 3.2　GIS の構成要素（Longley *et al.*, 2005）

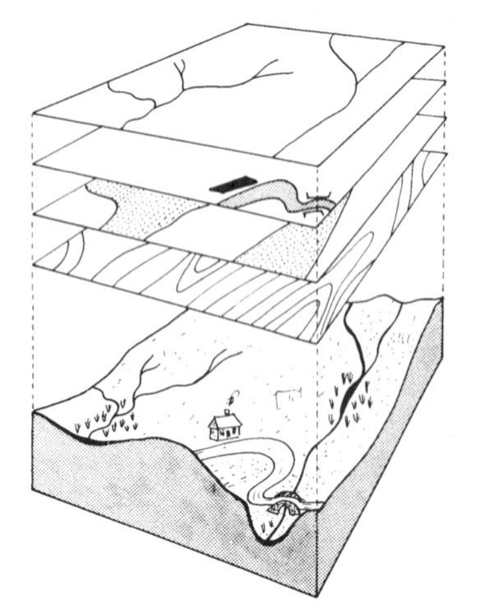
図 3.3　現実世界をレイヤ構造で表す概念図（バーロー，1990）

GIS は自然環境と人間活動の対応関係を総合的・定量的に分析する能力をもつ。大量のデータ蓄積と高速な空間的解析を基盤に，さまざまな要素間の対応関係の分析が短時間でできる。また，広域的な解析が可能なため，広がりをもつ空間を扱う地理学にとって有用である。GIS の利用によって，地球環境に関する幅広い情報の総合的分析，大量のデータを用いるモデリングやシミュレーション，空間的に広範囲にわたる分析など，これまで実現がむずかしかった分析と成果表現が可能になる。データや成果の共有，公開も容易である。

GIS は近年急速に発達し，学問分野だけでなくさまざまなビジネスに用いられて，現代の社会的基盤となりつつある。身近な応用例として，インターネット上の地図情報サイト，カーナビゲーション，各種の統計地図（データマップ）などがある。GIS の発展が引き起こす変革はいまだ途上であり，さらなる推進が期待される。

(4) リモートセンシングを用いた研究事例

地球温暖化による生態系の変動

地球温暖化は地球全体の長期にわたる平均的な変動であるため，日常生活のなかでその変化を実感することがむずかしい。しかし，こうした地球温暖化の傾向を受けて，地球上ではすでに植物成長期間の開始の早まり，終了の遅れなど，生物の季節変化に対する影響が現れてきている。したがって，このような特徴的な自然現象を通して，地球温暖化の進行状況を知ることができる。たとえば，**正規化植生指数**（NDVI：Normalized Difference Vegetation Index）を解析することによって，北半球の高緯度地域における植物成長期間が長くなっていることが報告されている。NDVIは，植物の分光反射特性から植物の量や活性度を表すために考案された指数であり，次式のように定義される。

$$NDVI=(NIR-RED)/(NIR+RED) \tag{3.1}$$

ここでNIRは近赤外域における反射率，REDは可視光の赤色波長帯における反射率である。植物は赤色波長帯を強く吸収し，近赤外波長帯を強い反射する，という特徴をもつために，地表面の他の構成要素である土壌や水に比べてNDVIの値が高くなる（図3.1）。したがって，植物の量が多いほど，また植物の活性度が高いほど，NDVIは大きな値をもつ。

図3.4にNDVIの季節変化と年々変化の例を示す。ここでは，北緯45°～90°の地域における1982～1990年に得られたNDVIを4つの期間（1982～83年，1985～86年，1987～88年，1989～90年）に分け（ただし，1984年のデータは異常な干ばつが発生したため解析から除外してある），NDVIの平均値（10日間の合成）の推移が示されている。1982～83年と1989～90年のNDVIの季節変化曲線を比較すると，この9年間に北半球の高緯度地域における植物成長期が長くなったことがわかる。さらに，NDVIの上昇開始時期を比較すると，1989～90年の植物成長期の開始は1982～83年に比べて8±3日ほど早くなった。この観測結果は，1982～90年の間に植物成長の開始は7日早くなった，という大気中のCO_2データを用いた解析結果とほぼ一致する。同様に，NDVIの下降時期の比較によって，植物成長の終了に4±2日の遅れが示された。これらの結果より，1982～90年の9年間において，北半球の高緯度地域における植物成長期が12±4日ほど長くなったことがわかった。

アマゾン流域における森林破壊

森林破壊（deforestation）は，水源涵養や土壌保全などの自然環境機能の低下に直接つながり，洪水などの自然災害の増加，表土流出による土壌環境の悪化を引き起こし，結果として地域的な気候の変化や地球温暖化に関与すると指摘されている。それゆえ，森林面積の時間的変化を正確に把握し，森林減少の実態を調査することが重要になる。しかし，現地調査や統計分析では，多数の調査者を要するために，調査結果に各調査者の主観性が含まれることによってばらつきが大きく

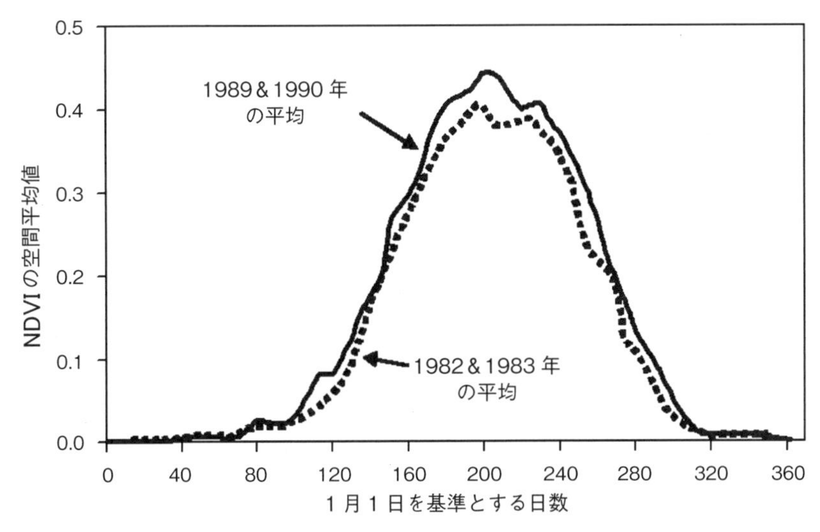

図3.4　NDVIの季節変化と年々変化

（Myneni *et al.*,1997を改変）

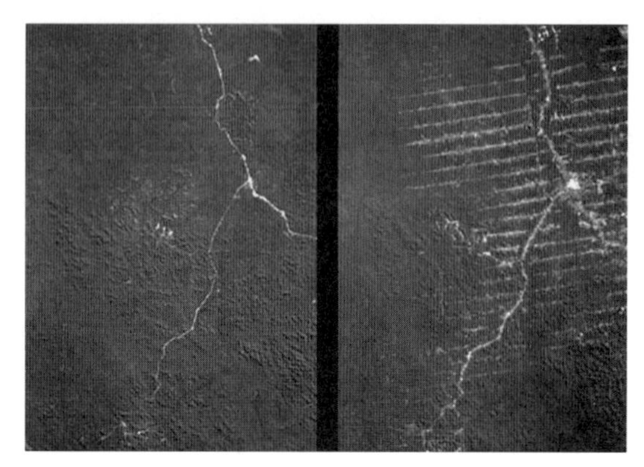

図 **3.5　LANDSAT/MSS** 画像から見たブラジルのロンドニア州の熱帯雨林
左：1975 年 6 月 19 日撮影.
右：1986 年 8 月 1 日撮影.
伐採跡地や都市は白色で，健全な植生地域は黒色で示している．出典は USGS（アメリカ地質調査所）

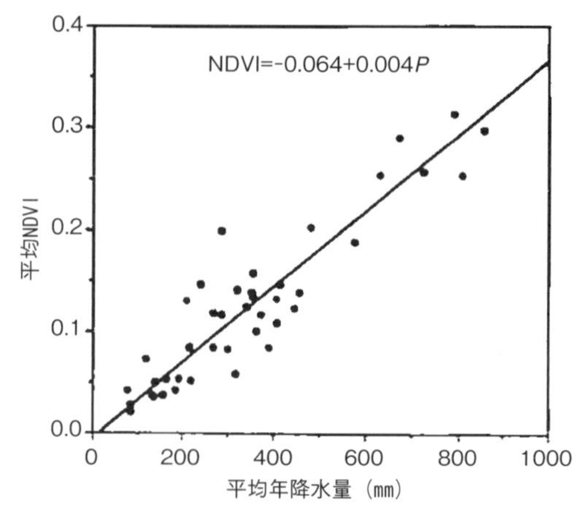

図 **3.6**　サハラ砂漠における **1982** ～ **85** 年の年降水量の平均値と **NDVI** 平均値の関係（Tucker *et al.*, 1991）
p は平均年降水量（mm）.

なるといった問題点があった。たとえば，アマゾン流域における 1970 年代の森林面積に関して，3,562,800 ～ 4,195,660 km^2 の異なる推定値が報告された。このような従来の調査方法の不確定さは，森林の面積減少の正確な推定を困難にしている。

これに対し，人工衛星による地球観測画像を利用すると，アマゾン流域における定期的な土地被覆図が作成できるので，森林面積の減少量が客観的に見積もられる。図 3.5 は 1975 年 6 月と 1986 年 8 月に撮影したブラジルのロンドニア（Rondônia）州の熱帯雨林における LANDSAT/MSS（衛星名 / センサ名）画像である。道路（林道，開拓道路）に沿って直線的に森林が伐採されているために，伐採跡地は羽（feather）あるいは魚の骨（fishbone）のように見える。また，1978 年撮影の LANDSAT/MSS 画像と 1988 年撮影の LANDSAT/TM 画像を解析することによって，アマゾン流域における森林伐採面積は，1978 年の 78,000 km^2 から 1988 年の 230,000 km^2 に増加し，1978 ～ 1988 年の間に毎年 15,000 km^2 の割合で，森林が減少したと推定された。

表 **3.1**　サハラ砂漠の面積および南縁の経年変化

年	サハラ砂漠の面積（km^2）	サハラ砂漠の南縁（北緯：度）
1980	8,633,000	16.3
1981	8,942,000	15.8
1982	9,260,000	15.1
1983	9,422,000	15
1984	9,982,000	14.1
1985	9,258,000	15.1
1986	9,093,000	15.4
1987	9,411,000	14.9
1988	8,882,000	15.8
1989	9,134,000	15.4
1990	9,269,000	15.1

（Tucker *et al.*, 1991）

サハラ砂漠面積の変動

砂漠化（desertification）も重大な環境問題である。砂漠化を防止するには，まずどの地域で，どの程度砂漠化が進行しているのかという現状把握が必要である。そこで，LANDSAT，NOAA などの人工衛星から送られてくる画像の解析が，砂漠化のモニタリングに威力を発揮する。一例として，1980 ～ 1990 年まで 11 年間の NOAA 衛星データから計算した NDVI を解析することによって，サハラ砂漠の南縁の経年変化を調べた研究を紹介しよう。この研究では，年間降水量が 200 mm 以下の場所を「砂漠」と定義し，NDVI と降水量の相関関係（図 3.6）を利用することによって，NDVI

表 3.2　ポーランドにおける歴史的景観に基づく都市・集落のタイプと歴史・自然環境・人文環境との関係

	歴史的景観に基づく都市・集落のタイプ			
	教会型	城郭型	街並み型	複合型
歴史的背景（大分布を規定）	・中世の社会経済的先進地	・中世のドイツ人入植 ・他民族による侵略後の防衛力増強	・近隣諸国の影響下における近世の新集落形成	・中世の社会経済的中心地
自然的背景（小分布を規定）	・台地や丘陵に囲まれた低地 ・水害防止のため大〜中河川沿いを避けて立地	・平野の中心部 ・水域に近接	・開析された台地や丘陵の低所	・盆地的地形の低所 ・大河川に近接
人文的影響：都市規模	・中都市に発展	・小都市を形成	・小集落を形成	・大都市に発展
人文的影響：交通網	・道路網整備	・鉄道網整備	・交通網整備の遅れ	・道路網・鉄道網整備

（小口・斉藤，1999）

の値からサハラ砂漠の南縁位置を1年ごとに推定した（表 3.1）。その結果，1980 年から 1984 年にかけて，干ばつにより，サハラ砂漠の南縁は南へ 242 km 移動していた。その後，年降水量の変化によって，サハラ砂漠の面積は拡大と縮小を繰り返し，1990 年のサハラ砂漠の南縁は 1980 年に比べて南へ約 130 km 移動したという結果が示された。

(5) GIS を用いた研究事例

GIS を活用した具体的な研究としては，地形・土壌・水文条件といった自然環境と，人口分布，歴史的都市の分布，遺跡の分布，土地利用の分布などの人間活動との対応関係を明らかにしたものや，自然災害の分析などがある。対象地域のスケールをみると，一国程度の広域を扱ったものもあれば，一集落のようなミクロな地域を取り上げたものもある。

チベットの人口分布と自然環境

中央チベットにおいて，生態学的にみた放牧地の類型と人口密度との関係を GIS で検討した研究では，両者の対応が従来の研究手法よりいっそう詳細に確認された。すなわち，標高が低く（< 4,200 m）人口と家畜の密度が高い河谷では，灌木の混じる草地とステップが卓越するのに対し，標高が高く（> 4,200 m）人口や家畜の密度が低い土地では，高山性の草地およびステップが卓越するという対応関係が示された。

ポーランドの歴史的景観

歴史的な都市，文物，景観あるいは遺跡がどのような環境において形成されてきたかという，地理学的かつ史学・考古学的な疑問にも，GIS は分析的な解答を与えることができる。一例として，ポーランドにおける歴史的景観，すなわち教会，城郭，または街並みのある都市・集落の分布が，どのような歴史的背景，自然的条件，人文的環境に対応しているかを検討した研究を紹介する（表 3.2）。歴史的教会を有する都市（教会型）は良好な自然条件の下で中世から発展してきた都市や集落であり，現在の人口規模や交通条件にも恵まれている。歴史的城郭がある都市や集落（城郭型）は中世に城郭中心に栄えたものの，近世以降にはあまり発展しなかった。しかし，自然条件は良好なので小都市が形成され，交通条件はある程度整っている。歴史的街並みのみを有する都市や集落（街並み型）は近世以降成立したもので，地形条件がよくなく，人口は小規模で交通条件に比較的恵まれない。これらの歴史的景観を複合的に有する都市や集落（複合型）は主要都市であるために，歴史的・自然的・人文的環境に恵まれている。

秩父山地における環境条件と人間活動の関係

ミクロスケールの研究例として，GIS を用いて山村の環境条件と人間活動の関係を定量的に検討した研究をあげる。図 3.7 は秩父山地の斜面中腹

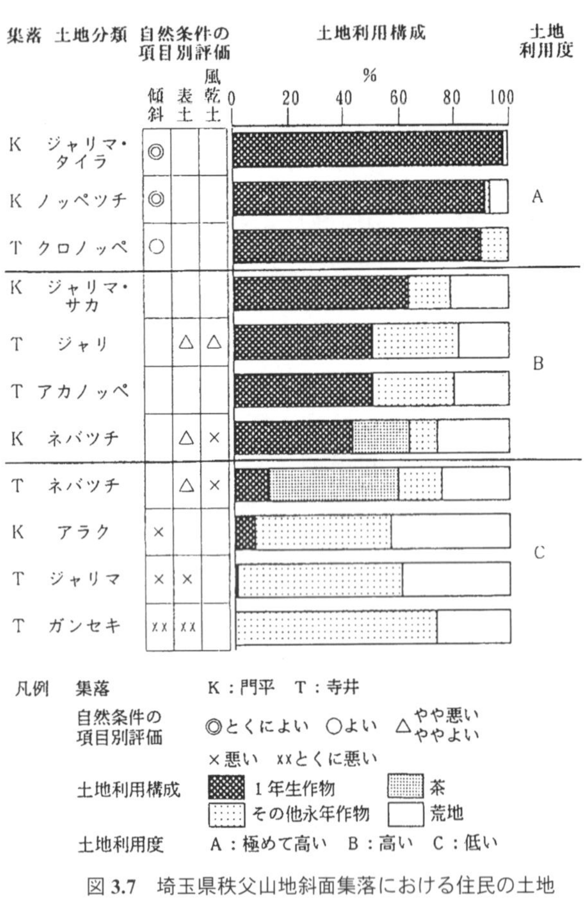

図 3.7　埼玉県秩父山地斜面集落における住民の土地分類・土地評価と土地利用との対応
（中村，1995）

に立地する集落における住民による土地利用の実態と，住民が自然条件について有している主観的評価とを対応させたものである。要素ごとのレイヤが作成され，重ね合わせが行われ，互いの関係が定量的に検討された。対象集落の周囲には，秩父山地を形成する中・古生層岩石に由来する土壌（ジャリマ，ネバツチ）と火山灰に由来する土壌（ノッペツチ）とが分布する。土地利用度は後者の方が高かったが，住民は，表土の厚さと肥沃さを重視する場合には，前者をより高く評価していたという。この違いは，実際の土地利用には土壌の性質による農作業のしやすさが強く反映されているためだという。このように，自然的基盤，土地利用，住民の認識の複雑な対応関係を整理するためにも GIS は有効である。

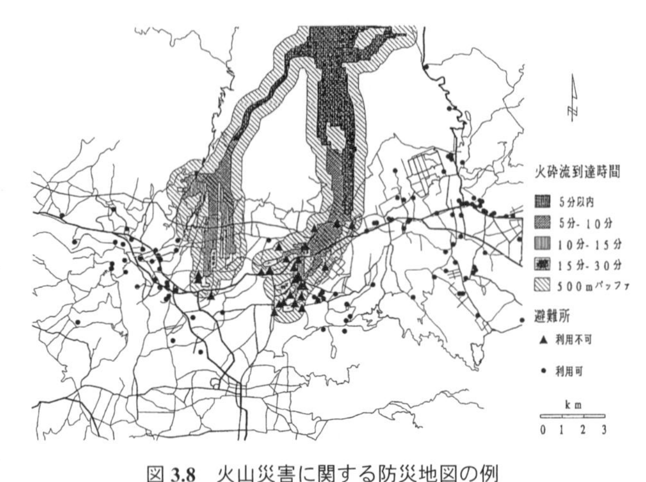

図 3.8　火山災害に関する防災地図の例
（浅間山南斜面）（高阪，2000）

防災地図の作成

地震・洪水・火山噴火などによって起こる自然災害への対処を検討する際にも，GIS は盛んに用いられている。過去の災害記録，現在の地形，そして関連分野の研究成果をもとに，災害を引き起こす自然現象の規模と分布が予測され，危険度を評価する地図が作成される。さらに，人口分布，道路，公共施設，土地利用などの地図を重ね合わせることによって，被害の分布と大きさを予測した地図がつくられる（図 3.8）。これらをもとに実際の被害を減らす防災対策，避難計画などが立案されるのである。

(6) おわりに

21 世紀に入り，私たちの社会では自然との共生が求められている。リモートセンシング・GIS による地球環境の監視技術は，これからますます重要な存在となるだろう。衛星画像・空間データを利用して我々の地球を空からモニタリングすることは，人間の「定期健康診断」と同じように，地球の「病気」の早期発見につながる。また定期的・長期的な地球観測および空間データの蓄積・解析を継続することにより，より的確な「治療法」を見いだすこともできるだろう。そこから地球の「病気」の予防法もみつかるのではないだろうか。

■コラム

地球温暖化に関するIPCCレポート

地球温暖化は，文字通り地球規模で進行するため，先進国･発展途上国を問わず世界が一体となって取り組むべき環境問題である。そのためには，まず地球温暖化に関する科学的知見を世界中から集約し，人類の共通認識をもつ必要がある。このような背景のもと，1988年に「気候変動に関する政府間パネル（**IPCC**: Intergovernmental Panel on Climate Change)」が設立された。IPCCは世界気象機関（WMO）と国連環境計画（UNEP）を母体とし，各国政府の代表からなる国連機関である。

IPCCは，大きく三つの作業部会の報告書によって構成される**評価報告書**を数年ごとに発表している。作業部会はそれぞれ，**自然科学的根拠**（第1作業部会），**影響・適応・脆弱性**（第2作業部会），**緩和策**（第3作業部会）を取り扱う。IPCCは研究機関ではなく，また政策の提案も行わない。IPCCの使命は世界中の科学者によって進められた最新の知見を収集して，その科学的妥当性を精査し，評価する（**アセスメント**）ことにある。複雑な気候システムに起きていること，今後起こると考えられることがどの程度確からしいか，を統一的な基準のもとで評価することも，報告書の特徴の一つである。その功績が認められ，IPCCは設立20年目にあたる2008年にノーベル平和賞を受賞した。

1990年に公表されたIPCC第一次評価報告書では，人間活動が地球温暖化に及ぼす影響について，「気温上昇を生じさせるだろう」と結論づけられ，人為起源の温室効果ガスが気候変化を生じさせる恐れがあることが報告された。以降，大気・陸上・海洋の観測データが蓄積され，数値実験による検証が進んだことで，1995年の第2次，2001年の第3次，2007年の第4次と，評価報告書の発表を重ねるにつれて，人間活動が地球温暖化を引き起こしていることがより確からしいものになった。近年，海洋深層までの信頼性のある水温データが充実し，深層の水温上昇を含む気候システム全体の変化傾向が明らかになってきたことで，2013年に発表された第5次評価報告書では，過去100年程度の間に観測された気候の変化傾向について，「気候システムの温暖化には疑う余地がない」と結論づけられた。また，「20世紀半ば以降の世界平均地上気温の上昇の半分以上は，人間活動の影響（温室効果ガスの濃度上昇や土地利用の変化など）によって引き起こされた可能性がきわめて高い」と評価された。同時にこの報告書では，世界全体の今後の気温上昇量が，人為起源二酸化炭素の**排出量**にほぼ比例することが示された。このことは，気温上昇をある一定量に抑えるためには，低炭素社会への転換を早急に進めなければならないことを意味している。

1990年の第1次報告書は，その年に開催された世界気候会議に提出され，1992年の**気候変動枠組条約**の採択に結びついた。この条約の意思決定機関である締約国会議（**COP**: Conference of the Parties）は，1995年にベルリンで開催されて以来，**京都議定書**を採択したCOP3（1997年12月，京都），**パリ協定**を採択したCOP21（2015年12月，パリ）など，年に1度ずつ開催されている。国ごとに温室効果ガスの排出量の削減目標を設定した京都議定書は，最終的に192か国に締約された。国内でも地球温暖化対策の推進に関する法整備が進み，1998年に**地球温暖化対策推進大綱**が作成され，同年には国，地方公共団体，事業者，国民それぞれの責務を定めた地球温暖化対策推進法が制定された。世界各国の足並みをそろえ，効果的な地球温暖化対策を推し進めるうえでも，地球温暖化に関する知見を集積するIPCCレポートの役割は大きい。

第Ⅱ部　大気・海洋システム

第4章　地球大気の運動

(1) 大気の大循環

地球規模で循環する組織だった大気の流れを**大気大循環**（general circulation）という（口絵7）。赤道付近のハドレー循環，モンスーン循環，ウォーカー循環，そして中高緯度の偏西風ジェット気流や温帯低気圧などは，それぞれが大気大循環の重要な構成要素である。

太陽放射による加熱と地球放射による冷却（後述）の結果，赤道付近では高温，高緯度では低温となる。この南北の温度差は，大規模な大気の鉛直対流（熱対流）を駆動する（図4.1）。

赤道付近は高温となるため上昇気流が卓越し，地表付近では北東貿易風と南東貿易風が収束する。上昇気流は湿った暖かい空気を上層にもちあげる。赤道に沿って帯状に分布するこの上昇域が**熱帯収束帯**であり，高温と大量の降水により熱帯雨林気候が発達する。一方，上昇流により水分が除去されて乾燥した空気は，北緯（南緯）30°付近で下降流として降りてくる。そこでは雲ができにくく亜熱帯高圧帯が形成され，地上では砂漠気候が発達する。この赤道付近の熱対流を，高層観測が始まる以前の18世紀に予言したイギリスの気象学者ハドレーにちなんで**ハドレー循環**という。

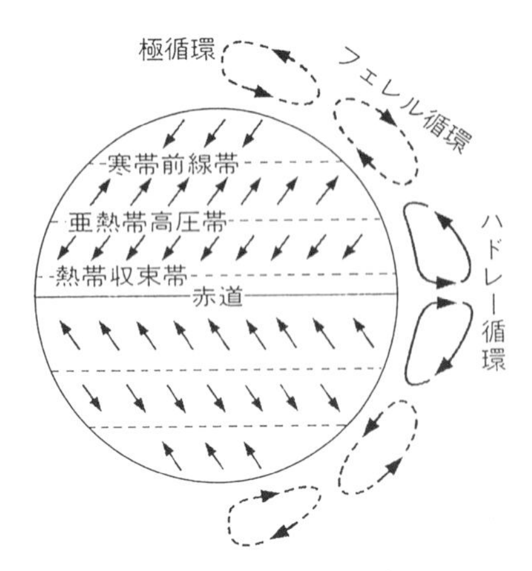

図4.1　大気大循環の概念図
（田中，2004）

(2) ジェット気流

中高緯度の上空には南北の温度傾度に対応して偏西風帯が発達し，対流圏界面付近に**偏西風ジェット気流**（亜熱帯ジェット）が形成される。その強風軸の風速は40 m/s程度であるが，日本上空ではときに100 m/sに達することもある。恒常的な中緯度の偏西風は，地表摩擦により地面を東向きに引きずり，地球の自転を早めるように作用しているが，低緯度の偏東風が逆に地球の自転を弱めるようにはたらくために，両者が釣り合って地球の自転はほぼ一定に保たれている。

偏西風ジェット気流は，中緯度を取り巻くように帯状に循環しており，大気大循環の中心的構成要素の1つとなっている。中高緯度の偏西風帯には，プラネタリー波（あるいはロスビー波）とよばれる波動が重なって，ジェット気流は絶えず南北に蛇行する。ときにはジェット気流は大きく蛇

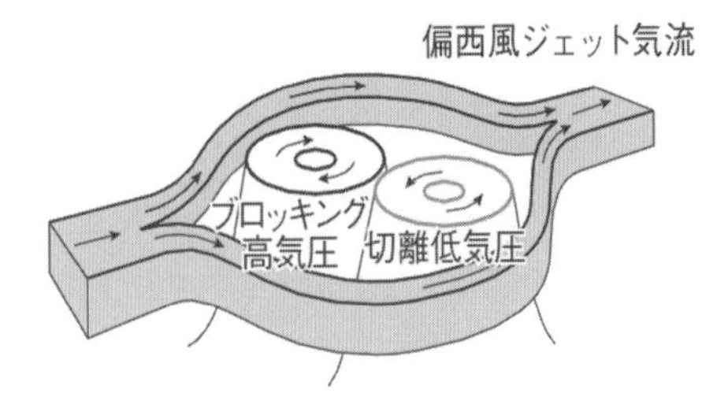

図4.2　偏西風帯のブロッキング高気圧と切離低気圧（田中，2017）

行して南北流となり，分流が起こる際には安定した高気圧性の渦と切離低気圧の渦対（これを**ブロッキング高気圧**とよぶ）を形成することがある（図 4.2)。ひとたびブロッキング高気圧が形成されると，その周辺に異常気象が続発するので，その原因究明と予報向上が望まれる。

(3)　温帯低気圧

ハドレー循環による鉛直対流は，その混合作用により亜熱帯まで熱を運ぶので，中緯度では南北の温度傾度（これを傾圧性という）が大きくなる。すると，この南北の温度傾度をかき消すように高気圧や低気圧といった傾斜対流（図 4.3）とよばれるやや南北に傾いた水平渦が発達し，熱をさらに高緯度に運ぶ。これが中緯度の傾圧不安定で発達する**温帯低気圧**の役割である。

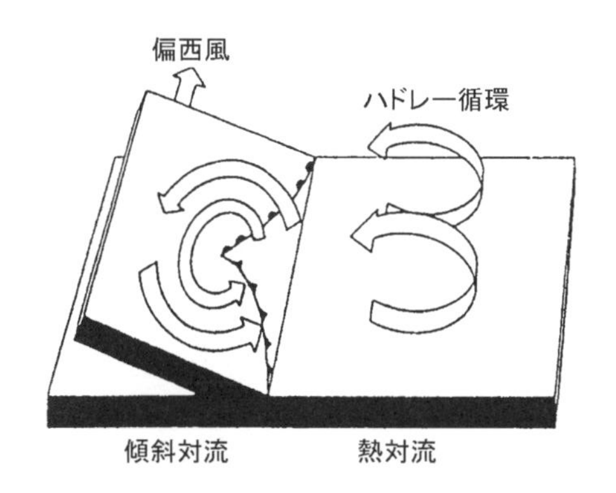

図 4.3　熱対流としてのハドレー循環と傾斜対流としての温帯低気圧（田中，2007）

偏西風に流されて東進する温帯低気圧の渦の前面では暖気が北上するとともに上昇し，逆に後面では寒気が南下するとともに下降する。傾斜対流では，南北にやや傾いた低気圧性循環のもとにこのような南北の熱輸送が組織的に行われる。ハドレー循環では東西に一様な鉛直対流により南北の熱輸送が行われるのに対し，中高緯度では傾斜対流という温帯低気圧の渦の集合で効率よく**熱輸送**が行われる。このように，熱機関としての大気大循環では，東西に非一様な温帯低気圧の渦が本質的に重要な熱輸送の役割を演じている。この解釈は 20 世紀になってスウェーデンの気象学者ロスビーにより提唱されたもので，**ロスビー循環**とよばれる（図 4.4)。

(4)　大気の鉛直構造

大気圏の鉛直構造は気温の鉛直プロファイルにより下層から**対流圏**（troposphere）・**成層圏**（stratosphere）・**中間圏**（mesosphere）・**熱圏**（thermosphere）に区分される（図 4.5)。地上気温は平均すると約 15℃であるが，地上付近の大気の温度は高さとともに 1 km につき約 6.5℃の割合で低下し，高度約 11 km で極小となる。この気

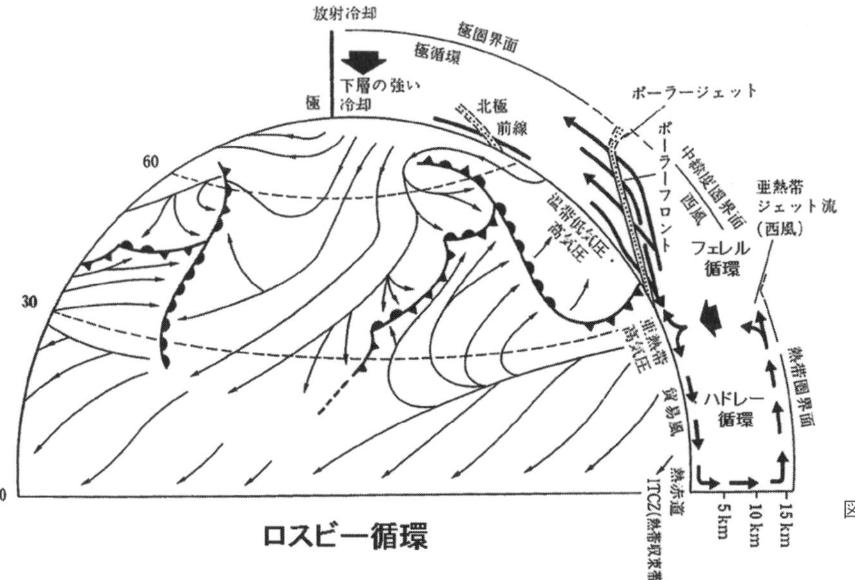

図 4.4　ロスビー循環の概念図（Musk, 1988）

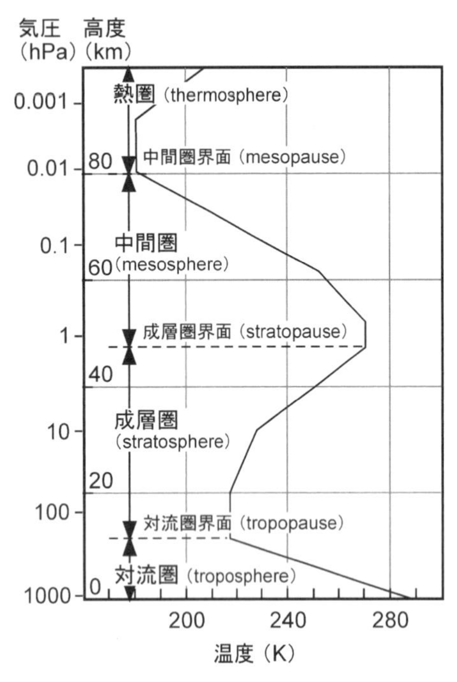

図 4.5　気温の鉛直プロファイルと鉛直層の区分（和達，1974）

層を対流圏とよび，その上端を**対流圏界面**という。対流圏の上方には，気温が一定かまたは高さとともに上昇する気層が高度約 50 km まで続いている。この気層を成層圏とよぶ。成層圏の上には，再び気温が高さとともに低下する気層が高度約 80 km まで続いていて，これを中間圏という。中間圏の上には気温が高さとともに上昇する熱圏がある。ここでは，窒素・酸素・ヘリウム・水素などが紫外線や X 線などの太陽放射により電離したプラズマ状態で存在し，重いガスから軽いガスへと成層をなした非均質な電離層を形成している。太陽風がもととなり電離層内で放電現象が起こる。これが極域で見られるオーロラである。

海面高度の気圧は平均すると 1,013 hPa，密度は 1.2 kg/m^3 であり，これらは高さとともに指数関数的に減少する。中間圏上部での気圧は約 10^{-3} hPa（地上の 10^6 分の 1）となり，気象学で取り扱われる大気はせいぜいこの高度までである。対流圏界面では気温が約−60℃にまで下がるので，対流により上昇した水蒸気は凝結・凝固して雲を形成する。人工衛星から地球を観察すると，雲は太陽放射を反射し白く輝き，ジェット気流などの大気の運動とあいまって，空間的にも時間的にも特徴的な構造をしている（口絵 7）。

(5) 太陽放射と地球放射

地球に降り注ぐ**太陽放射**（solar radiation）のエネルギーは 1.37×10^3 W/m^2 であり，この放射強度のことを**太陽定数**とよぶ。そのうちの約 31％が雲などに反射し，残りの 69％が大気や地表に吸収される。この反射率のことを地球の**アルベド**（albedo）という。太陽放射エネルギーを吸収して地球の温度は上昇するが，地球も宇宙空間に向かって熱エネルギーを赤外線として放射する（**地球放射**）。地球放射はステファン・ボルツマンの法則に従い，絶対温度の 4 乗に比例して増大するので，地球平均温度が約 255 K（−18℃）となったところで太陽放射と釣り合って平衡状態（**放射平衡温度**）に達する。

地球の放射平衡温度 255 K は，大気の上端での放射収支から計算される温度である。これに対し，観測される地表面温度の平均は約 288 K（15℃）であり，33 K も高い。これは大気の温室効果によるものである。大気中の水蒸気や二酸化炭素は太陽放射に対してはほとんど透明であるが，赤外線に対しては不透明であり，これを吸収する。したがって，地表面からの赤外線の照り返しはそのまま宇宙空間に抜けることができず，いったん大気に吸収されて大気を暖める。このようにして暖められた大気からの下向き赤外放射により地表面温度は放射平衡温度よりも 33 K も高くなる。この効果を温室効果という。

(6) 潜熱と顕熱

太陽放射は大気を素通りしてほとんどが地表に到達し，地表や海洋を暖める。地表が湿っている場合，放射により供給された熱の一部は水分の**蒸発**（evaporation）に使われるため，加熱しても地表面温度はあまり上がらない。水蒸気となって上空に運ばれた水分は，そこで冷却されて**凝結**（condensation）する。このときは空気を冷却しているのに温度があまり下がらない。このように水分が蒸発・凝結する際に，熱エネルギーは温度に現れず，隠れていた熱が相変化にともなって出入りするので，この熱量を**潜熱**（latent heat）とよぶ。地表が乾燥している場合には，日中の砂漠のように地表の温度はきわめて高温になり，地表に接触する空気は熱伝導や対流により直接暖められる。これが**顕熱**（sensible heat）であり，温度に比例して増減する熱量である。

(7) 熱 収 支

図 4.6 には地球に到達した太陽放射エネルギーのその後の行方がまとめられている。太陽からのエネルギー供給の平均（341 W/m^2）を 100 とすると，そのうちの 31 が宇宙に反射されて，20 が雲や大気に吸収される。そして残りの 49 が地表に吸収される。地表に達した 49 のうちの 19 が正味の赤外放射として，23 が水蒸気の潜熱として，そして 7 が顕熱として大気を暖めるのに用いられる。結局，大気は太陽放射の 20 と地表からの 49 の加熱をうけて暖まり，69 の地球放射を宇宙に

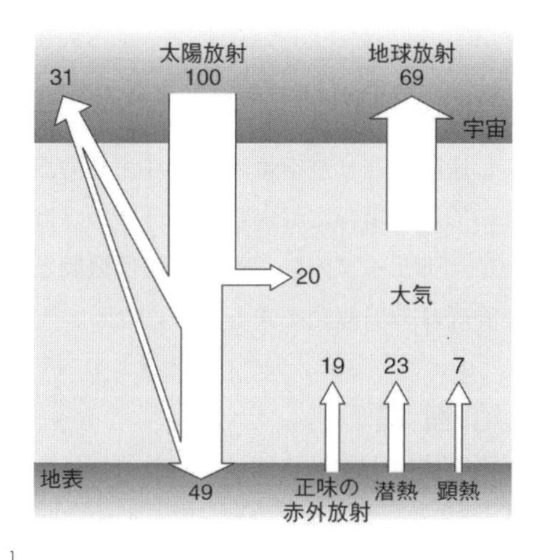

図 4.6　地表，大気，宇宙での熱収支
（田中，2017 を改変）

放って**熱収支**（heat balance）を保っている。

放射収支を緯度別にみると，低緯度では太陽放射による加熱が地球放射による冷却を上回り，高緯度では逆に**放射冷却**が太陽放射を上回っている。低緯度の熱は，大気と海洋による極向き熱輸送により高緯度に運ばれ，そこで冷却することで熱収支が保たれている。つまり，大気や海洋の大循環は，赤道と両極の間の温度差を対流という熱混合によりやわらげる働きをしている。

(8) 大気の運動

大気の状態や運動を記述するために用いられる要素（気温・気圧・空気密度・風向・風速・湿度など）を**気象要素**という。気象要素のなかでも，対流として物質やエネルギーを運ぶ風は，最も重要である。

風とは質量をもった空気の運動のことであり，風向と風速により表されるベクトル量である。風速は空気が 1 秒間に移動する距離で表される。空気の運動は，物体の運動と同様に，慣性の法則（力がはたらかない時には物体の速度は不変である）や運動の法則（力が加わると物体はその方向に加速される）に支配される。流体の運動には常に粘性という摩擦力がはたらくので，風を維持するための力が作用しなくなればやがて静止してしまう。したがって，止むことのない熱帯下層の貿易風や中緯度上空の偏西風ジェット気流には，常に摩擦に対抗し気流を維持するような力が作用していることになる。あるいは，急速に発達する低気圧や台風には，風を強める何かしらの力が作用しているはずである。

(9) 気圧傾度力

風を加速する最も基本的な力は，気圧の差により生じる**気圧傾度力**である。一つの思考実験として，無重力状態のスペースシャトルに積まれたシリンダー内の空気を考えよう。重力がないので，その空気はシリンダー内に一様に分布する。これ

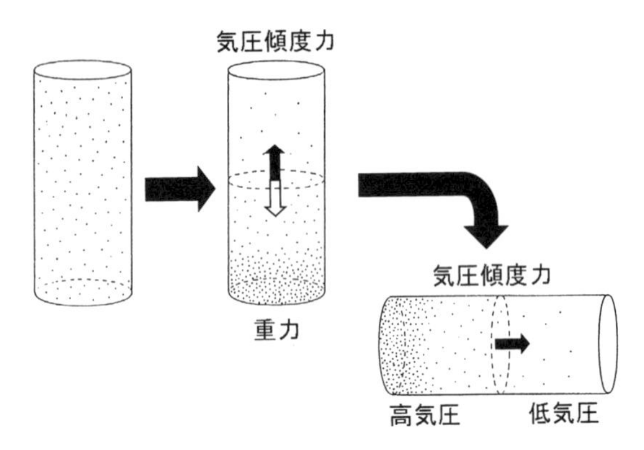

図 4.7　鉛直気圧傾度力と水平気圧傾度力
（田中，2007）

を地上にもってくると，重力の影響で空気分子はシリンダーの底に溜まり，逆にシリンダーの上部の空気は希薄になる。しかし，空気分子がすべてシリンダーの底に落ちてしまうということはない。これは，下に落ちようとする重力に対抗して上向きに気圧差による力がはたらき，それが重力と釣り合っているからである。気圧の高い方から低い方に向かって空気を押しやろうとする，この気圧差による力を気圧傾度力という（図 4.7）。下向きの重力と上向きの気圧傾度力の釣り合いのことを**静力学平衡**という。

シリンダーを今度は水平に寝かせると，底に溜まっていた空気は重力から解放されて，一気に反対側に押しやられる。これが気圧傾度力により加速されて生じる空気の運動，つまり風である。ここで，シリンダーの大きさとして水平方向に数千 km を考えると，高気圧から低気圧に向かって押しやられる空気の運動が想像できるだろう。

気圧とは，その地点より上にある大気の総量の重さである。高気圧の上空にはより多くの空気が詰まっており，上空に冷たく密度の高い空気が存在する。低気圧の場合はその逆である。気圧の分布は温度の分布と密接に関係する。

(10) コリオリ力

北半球の地上天気図をみると，高気圧から吹き出す気流は右向きに転向し，時計回りに回転している。逆に，低気圧に吸い込まれる気流はやはり右向きに転向し，反時計回りに回転している。このように，気流の向きを（北半球では右向きに）転向させようとする力を**コリオリ力**（転向力）とよぶ。この力は，地球が回転することにより気流にはたらく見かけの力である。

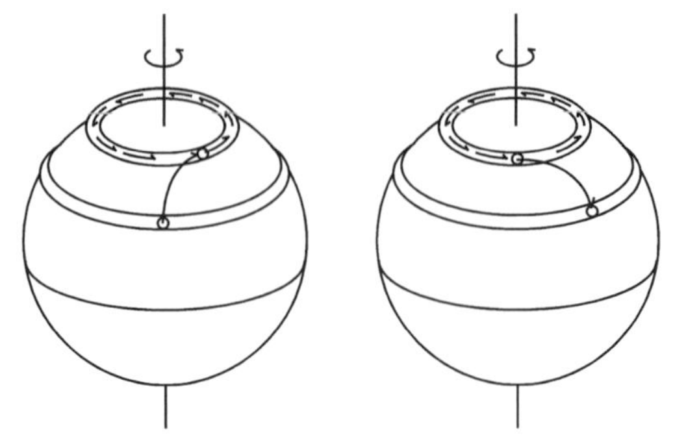

図 4.8　コリオリ力の概念図と慣性振動
（田中，2007）

これを次の例で示す（図 4.8）。はじめに，地面に対して静止した（つまり地球の自転とともに回転する）チューブが東西に地球を一回りしているとする。もし，このチューブが中緯度から高緯度に移動したとすると，角運動量の保存則により回転半径の縮まったチューブは東に回りだす。チューブの中の空気塊は，北に移動することで東向きの加速度を受ける。これがコリオリ力である。地面に対して東向きに回りだしたチューブは，今度は遠心力の増大により回転半径の大きい低緯度に広がろうとする。東向きに移動する空気塊は南向きの加速度を受けるが，これもコリオリ力である。もし速度をもった空気塊にコリオリ力だけがはたらいている場合には，空気のチューブは南北に振動し，チューブ内の空気塊は**慣性振動**とよばれる時計回りの円運動をすることになる。

(11) 地 衡 風

水平気圧傾度力により加速された気流は，常にコリオリ力の影響を受ける。コリオリ力が気圧傾度力とバランスして加速度がゼロとなり，平衡状態に達したときの流れを**地衡風**（geostrophic

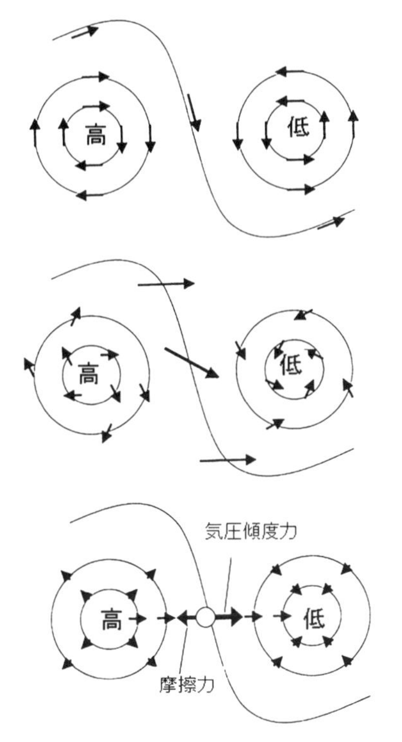

図 4.9　北半球での自由大気（上），エクマン境界層（中），接地層（下）での風の特徴と地衡風

wind）という。地衡風は，気圧の等値線と平行に北半球では低圧部を左に，南半球では右に見るように吹く。偏西風ジェット気流などの上層の風はほぼ平衡状態にあるので，地衡風にきわめて近いことが観測的にも確かめられている。上述の静力学平衡は静的な平衡であるのに対し，地衡風平衡は空気が運動した状態の動的な平衡である。

北半球での大気接地層（地表から約 100 m の層），エクマン境界層（約 100 m から 1,500 m の層），そして自由大気（約 1,500 m より上層）の風の特徴を図 4.9 に示す。接地層では地表摩擦が強いため風は弱く，コリオリ力が無視できる。そこでは，気圧傾度力により加速された風は摩擦力で平衡状態に達する。エクマン境界層では地上摩擦が弱まるため，風は強くなりコリオリ力が無視できなくなる。そこでは，風は気圧傾度力に対し右向きに加速を受けて平衡状態に達する。そして自由大気では，地表摩擦が無視できるようになり，風はさらに右向きに転向し，気圧の等値線と平行な地衡風となる。

第 5 章　メソ気象と微気象

メソスケール（中間規模）とは数十〜数百 km の規模を意味する。このスケールの気象には，数時間スケールで卓越する「局地風」や「積乱雲」といった，人間生活に密接に関係した現象が数多くみられる。さらに，近年の都市化は，これらのメソ気象に大きな影響を与えることが明らかになってきた。一方，微気象は大気接地層で起こる水平規模数百 m 以下の現象で，大気乱流や地表面熱収支，植物群落等の影響を強く受ける。

(1) 局 地 風

局地風とは地形条件により形成される風系であり，同じ地域で繰り返し発生する。局地風は，地表での温度差や起伏のある地表面の熱的効果により発生する熱的局地風と，地形と大規模風との間の力学的効果により発生する力学的局地風に分けられる。**海陸風**や**山谷風**は前者であり，**おろし風**や**山岳波**は後者である。

海 陸 風

海陸風は熱的局地風の一つであり，海陸の温度差により生じ，顕著な日変化をともなう風系である。海陸風のエネルギー源は太陽放射である。海洋では，海面の熱容量（比熱と熱伝導で決まる）が大きいため，海面水温にはほとんど日変化がない。これに対し，陸面は熱容量が小さいため，晴天日などには表面温度が顕著な日変化を示す。このため，地表面から大気に伝わる顕熱も大きな日

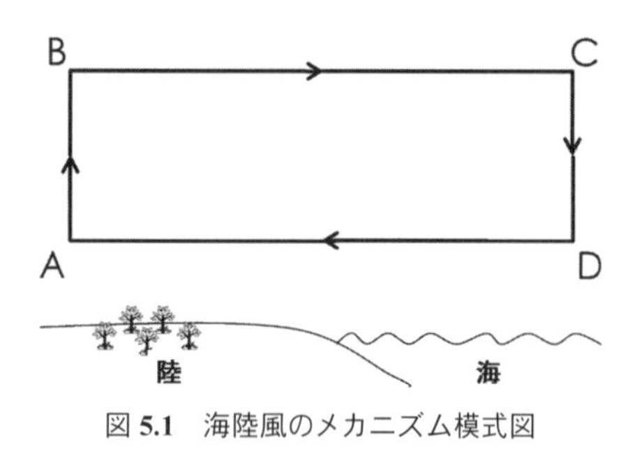

図 5.1　海陸風のメカニズム模式図

変化をもつ。多くの場合，日中には顕熱フラックスが正，すなわち熱は地表面から大気に伝達し，夜間になると負になる。顕熱は，主として大気乱流により海面や地表面から上空大気に伝達される。1 日程度の時間スケールでみると，熱の伝達する高度はおおむねエクマン境界層の高さ（1 km 程度）に限られる。

ここで図 5.1 に示すような模擬的な海陸を考える。早朝の初期値として，海面・陸面温度は等しく，大気は全層で静止し，気圧傾度がないと仮定する。静力学平衡が成り立つので，この仮定は気温も水平に一様であることを意味する。このとき A 点と D 点の気圧は等しく，B 点と C 点の気圧も等しい。

日射により一様に陸面が加熱され，顕熱が陸上の B 点まで伝わったとすると，気柱 AB はおもに鉛直方向に膨張する。熱膨張により AB 間の大気の質量は減少するため，両者の気圧差は小さくなる。この結果，B 点の気圧は上昇し，C 点よりも高圧となり，水平方向に気圧傾度が生じる。この気圧傾度により B 点から C 点に向かう流れが生じる（海風の反流に相当）。この流れは海上（C 点周辺）で収束するため，D 点上空の大気の質量は増大し，D 点の気圧は上昇する。この結果 D 点から A 点に向かう気圧傾度が生じ，地上付近では海上から陸上に向かって風が吹き始める（海風に相当）。同時に海風時には海側では下降流，陸側では上昇流が生じ，循環が維持される。

海風循環では加熱されている陸側で上昇流が生じているが，いわゆる熱対流（鉛直対流）とは異なる現象である。熱対流は下層の温位が上層の温位を上回る絶対不安定（下層の密度が上層より低い）の条件でのみ発生するが，海風循環は全領域にわたって安定成層（下層の密度が高い）であっても起こりうる。ここで温位とは，断熱的に 1,000 hPa の気圧に補正した気温を指す。

山谷風

山沿いの地域では，日変化する風系がしばしば観測される。昼間は山に向かって吹き（谷風），夜間は山から平野に向かって吹く（山風）ことが多い。これらはまとめて山谷風とよばれている。わが国では，一般に海岸と山岳との距離が短いので，海岸部で観測される風向の日変化は海陸風と山谷風が複合した結果であると考えられる。山谷風は盆地で気温の日較差が大きいことや，山岳域で雲ができやすいこととも深く関係している。

山谷風は少なくとも二つの意味で使われている。狭義の山谷風は，日中に谷に沿って上昇する風（谷風：図 5.2a の太い矢印）と，夜間に谷に沿って下降する風（山風：図 5.2b の太い矢印）を指す。広義では，単に昼夜の変化に対応して，山の斜面を上昇する風と下降する風（斜面上昇流と斜面下降流：図 5.2 の細い矢印）も含まれる。大規模な斜面上昇流や斜面下降流は斜面上だけでなく，広

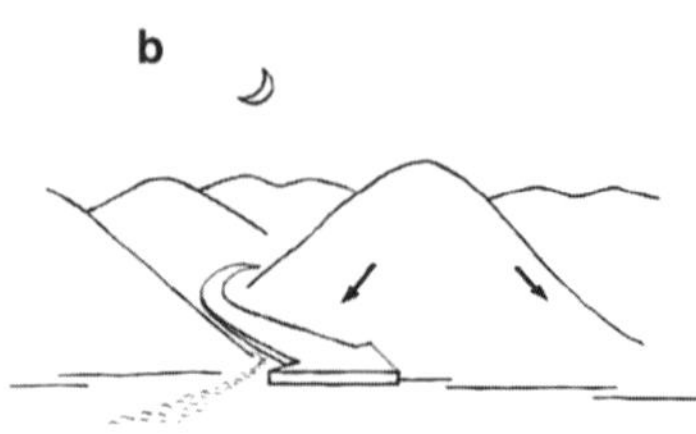

図 5.2　山谷風循環の模式図

く平野にも及ぶ。平野と山岳地域の間で日周期で交代する「平野—山地風」や「山地—平野風」も広義の山谷風に含まれる。いずれも斜面が暖められたり冷やされたすることによって生じる風で，海陸風と似た性質をもっている。

山岳波とおろし風

力学的な局地風にはおろし風や**フェーン**がある。おろし風は山の風下に吹く強風のことで，冬の季節風の強いときや，台風や低気圧の影響下にあるときにしばしば観測される。おろし風は，安定成層の大気が山岳を越えるときに発生する山岳波が，山の高さと風速で決まるある条件を満たすときに，山岳の風下側で下層の風速が強化されるために生じる。

フェーンはおろし風とよく似た現象であるが，風下の強風域で著しい気温の上昇をともなう。気流に乗っている気塊に着目すると，風上斜面では水蒸気を含む気塊が湿潤断熱で上昇し，降水をもたらす。その結果乾燥した気塊は，風下斜面では下降する際に乾燥断熱圧縮により昇温する。

降水をともなわないフェーンもある。山岳の風上の下層に冷気があるとき，冷気流に十分な運動エネルギーがないと山岳を登ることができず，風上によどむ。それに代わって，上層にある相対的に高温位の大気が山岳を越える。風下で降下すると断熱昇温により高温で乾燥したフェーンとなる。

(2) 水蒸気と雲・降水

湿潤大気におけるメソ気象を特徴づける重要な要素に水蒸気・雲・降水がある（図5.3）。これらの分布変動は他の気象要素に比べて局所的である。さらに，第Ⅲ部で述べられる水循環システムの構成要素でもある。とくに降水は，メソ気象を左右する総観場，大気境界層，海・陸面過程や地形の状態に応じて地域的に局在化し，人間生活へ直接的な影響をもたらす（第22章参照）。

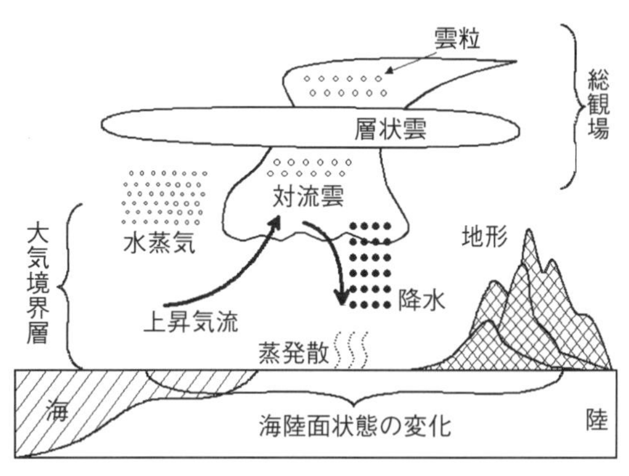

図5.3　降水システムと大気水循環

雲は**凝結核**を中心とする半径0.01 mm程度の**雲粒**（過冷却水滴または氷晶）から形成され，地上に降水をもたらすとともに地上に到達する放射収支に大きな影響を及ぼす。凝結核は水蒸気が雲粒となるために重要なはたらきをもち，雲の種類や降水中の粒径分布を左右する。近年は，人為的な凝結核の放出が雲構造を変化させる可能性が懸念されている。地上から観測される雲形は発生高度と対流性・層状性で分類される。しかし，飛行機に乗るとわかるように，実際の雲は複数の層から構成されている場合が多い。山岳域で強制上昇により発生する雲粒が，下層の雲を触発して降水量を増加させる場合もある。

降水（precipitation）は，上昇気流にともなう断熱冷却で生じた雲粒が，衝突併合を経て数mmの大きさに成長したり，水蒸気が氷晶の表面に昇華凝結して成長し，地表面に落下する現象で，液状の霧雨・雨，雪や霰（あられ）などの固体，着氷性の霧雨や雨，に分類される。中緯度では，一般に偏西風波動にともなう擾乱が雲や降水の発生域を支配している（前章参照）。一方，熱帯や大陸内部では，海・陸面状態が，降水活動に大きな影響を与える場合がある。熱帯の島々やヒマラヤなど大山脈周辺では，局地循環に連動する降水分布域の日変化が観測されている。対流性の雲同士が相互に作用しあってより大規模な降水システムに発達し，突風や短時間の降雨をもたらす仕組みが新たに生まれる場合もある。高所・寒冷地で形成される雪氷域は，**アイスアルベドフィードバック**をもたらす。

雲・降水を発生させる重要な材料が水蒸気と気層の安定度である。日本における水蒸気起源のほとんどは海洋であるが，大陸内部における水蒸気では陸面からの蒸発散（第8章参照）とその再循環過程が重要となる。海面の蒸発散は海面水温に，陸面の蒸発散は地温，土壌水分および植生・雪氷といった地表面状態に左右される。雲・降水活動が海面温度や地表面状態を変化させ，相互作用を引き起こす。雨季の到来とともに一斉に活性化する植生活動は，蒸発散に大きく寄与していることを思い出そう。

近年，衛星観測・地上観測・数値モデルの合成によって，海洋上も含む全球規模の降水量変動が把握されるようになった。将来の気候変動は大気水循環を加速させるのか，**豪雨**の多発や乾燥域の拡大を顕在化させるのか？ 防災対策や水資源確保も含めて，地球水循環変動の予測に対する関心が高まっている（第Ⅶ部参照）。

(3) 都市気象

都市気象は，都市が存在することによって発生する大気現象である。最も顕著な現象として，**ヒートアイランド**（都市が郊外に比べて暖かくなる現象）が挙げられる。図5.4は移動観測によって捉えられた典型的なヒートアイランドを示す。ヒートアイランド（熱の島）の語源のとおり，等温線の形状が島の等高線のようになっている。また，その水平規模は都市規模と同程度である。夜間のヒートアイランドの鉛直規模は，中小都市で数十m，大都市で200～400m程度と報告されている。

ヒートアイランドは，①人間活動，②緑地の減少と人工地表面の増加，③建物の存在等に起因するさまざまな都市効果の重ね合わせによって発生

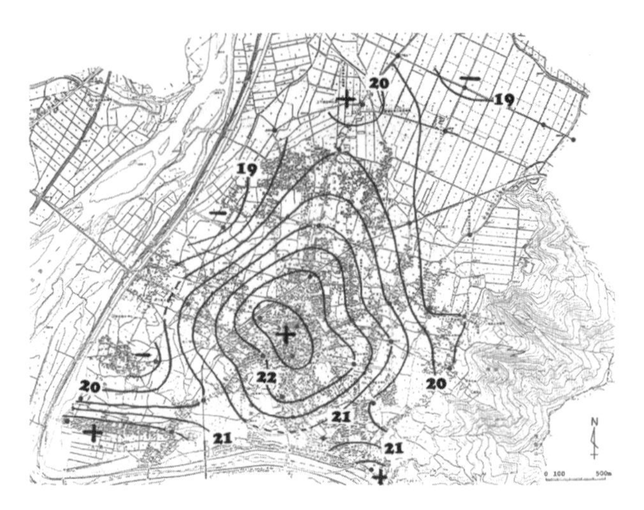

図5.4　長野県小布施町で観測されたヒートアイランド現象
1997年8月23日午後9時．実線は地上気温の等温線．（榊原保志氏提供）

する。人間活動によって発生した熱（人工排熱）は，都市の気温を上昇させる。緑地の減少は，地表面からの蒸発量を低下させ，日中の気温を上昇させる。人工地表面の増加は，夜間の気温低下を阻害する。建物の存在は，地表付近の風速を低下させると同時に日射の吸収量を増加させ，日中の気温を上昇させる。また，夜間の放射冷却を阻害する。これらの結果，都市の気温は郊外の気温よりも高くなる。大都市における夏季の高温化は，熱帯夜，エネルギー消費量，熱中症患者数の増加と関連するために，とくに注目されている。

都市気象のもう1つの顕著な現象として，ヒートアイランド循環があげられる。ヒートアイランド循環とは，郊外から都市に向かって吹く地上風と都市から郊外に向かって吹く上空の風によって形成される風系である。都市では，積雲や対流性の降水が発生しやすいという報告がある。これらの原因として，ヒートアイランド循環による上昇流，都市内部での個々の熱対流，汚染物質の排出による雲の凝結核増加の効果などがあげられている。ただし，地形の影響を受けやすい日本の都市の場合，都市が雲や降水に及ぼす影響がどの程度なのか，明瞭な結論はま

だ得られていない。

(4) 斜面温暖帯

山岳域では気温は上方ほど低くなるが（0.5～0.7℃/100 m），ときには気温が高度とともに高くなる層が出現する。これを**逆転層**とよぶ。とくに夜間の放射冷却のため，地表付近の空気が冷やされてできる層を接地逆転層という。冬の晴天で風のおだやかな日には，日没の1時間ほど前から地面は放射冷却のため急激に冷え始め，翌朝まで逆転する場合が多い。逆転層内では上層ほど暖かいため大気は安定で，鉛直方向の循環が弱くなる。そのため，大気汚染物質などは逆転層内に閉じ込められる。

逆転層が形成されたときには，山の斜面中腹域に相対的に気温の高い領域が帯状に出現する場合がある（口絵8，図5.5）。これを**斜面温暖帯**とよぶ。この現象は，放射冷却による接地逆転層のほかに，斜面を下降する冷気の流れと関係して出現する。一般に大きな斜面では，日没後に斜面上で冷却し重くなった空気が流下する。このうち比較的規模の小さいものを**冷気流**，大きなものは斜面下降風とよぶ。冷気流によって斜面上の冷たい空気は麓へと移動するので，斜面上では冷却の程度が小さくなる。

斜面温暖帯は，一般に寒候期に発生頻度が高い。筑波山の標高150 m付近一帯には，1月の最低気温の月平均値が氷点下に達せず，相対的に高温となる地域が現れる。この地帯では，霜が発生する頻度が低く，凍霜害も少ない。このため，とくに筑波山の西側斜面では，古くから在来種のフクレミカンの栽培が行われ，最近は観光を主目的とした温州ミカンの栽培が行われている。

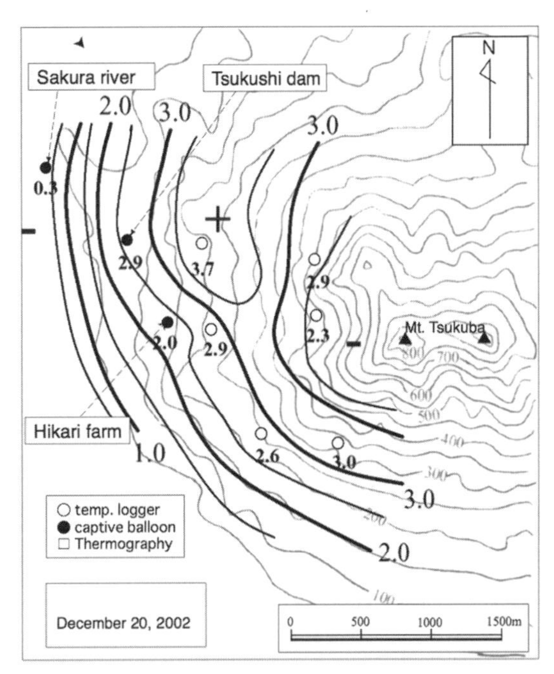

図5.5　筑波山西側斜面における2002年12月20日の午前4～5時の気温分布　(Ueda *et al.*, 2003)

(5) 群落微気象

一般に大気接地層では，風の運動エネルギーは地表の摩擦により吸収されるため，下層ほど風速が減少し，気流の乱れ（**乱流**）が増大する。植生群落に覆われている地表面では，植生の種類によって群落内の風速の鉛直分布は大きく変化する。都市の緑化や，山岳域の森林管理にも重要な役割を担う。

植物群落へ入射する日射量や降水量は，葉による散乱や**遮蔽**のために群落内部ほど減少する。とくに葉の密度が多い層で急激に減衰し，少ない層でゆるやかに減衰する。森林の場合，樹種や樹間の間隔が影響する。

植物群落層では，水蒸気量や二酸化炭素濃度の鉛直分布も変化する。気孔を通して蒸散と光合成が盛んに行われる日中には，群落内で水蒸気量が多くかつ二酸化炭素濃度が低い。したがって，水蒸気の輸送方向は群落内部から大気へ，二酸化炭素の輸送方向は大気から群落内部へ向かう。光合成が行われず呼吸が卓越する夜間には，群落内で二酸化炭素濃度が高まるため，二酸化炭素は群落層から大気層へ向かって輸送される。

第6章　気候の季節変動と年々変動：気候変動とモンスーン

地球の気候は大陸と海洋の配置および大気・海洋・陸面間の相互作用，さらには温室効果気体や地球軌道要素（地軸の傾き，離心率，歳差）の変化にともなう太陽入射量などによって規定されている。一般に気候とは，数十年間の平均値を指す。気候は絶えず変化し，異常気象に代表される年々変動から，氷期—間氷期などの数万年スケールの変動，さらには恐竜が生息していた中生代の温暖期など，地質時代のスケールでも変動している。地球上の気候は熱帯・温帯・寒帯など地域性が顕著で，同じ緯度帯においても，複雑な大気海洋陸面相互作用によって異なった様相を呈している。本章では，日本の気候を支配しているアジアモンスーンについて，詳しくみていくことにしよう。

モンスーン（monsoon）という言葉はアラビア語の mausim に由来し，夏と冬で風向が反転する風，すなわち**季節風**を指す。一方，風の季節変動は雨をともなうので，「雨季」と「乾季」が明瞭なところをモンスーン域と定義する場合もある（図 6.1）。水蒸気が雨滴になる際に周辺大気へ放出される凝結熱は，モンスーン循環の成立において重要である。そのため近年では，降水活動の季節変動が顕著な地域をモンスーン域とみなす場合が多い。

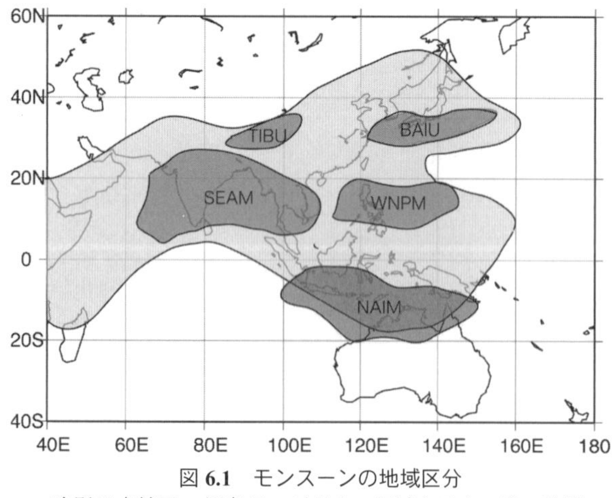

図 6.1　モンスーンの地域区分
陰影は卓越風の頻度が 60%以上の領域を示す．濃い陰影は，雨によって分類されたさまざまなモンスーンを表す．
（Khromov, 1957; Murakami and Matsumoto, 1994）

モンスーンは，山岳を含む大陸や海洋の地理的分布に起因する加熱の差によって駆動される巨大な海陸風循環の一種である。陸と海の熱容量の差により，大陸上は周辺の海洋よりも相対的に暖まりやすく冷えやすい。夏のアジアモンスーンを例にとってみよう（図 6.2）。アジア大陸上では太陽放射により陸面が加熱され，地上付近で暖められた空気は上昇し，対流圏下部には低気圧性の循環を，対流圏上部には高気圧性の循環をつくる。この下層の低圧帯に向かって，南半球のインド洋上の亜熱帯高圧帯から風が流れ込む。この風は，南半球側では転向力によって南東風となり，赤道を横切ると南西風に転じ，アフリカ東岸のソマリア沖で最も風速が大きくなる。アジア大陸に吹き込む南西風は，暖かいアラビア海上で多くの水蒸気を得て，ヒマラヤ・チベット山塊に吹き込む。山脈南斜面での強い上昇流は活発な降水活動を引き起こし，凝結熱の加熱によってさらに大気は暖められる。このように大陸・海洋間の温度差が増大することによって，モンスーンがさらに強化される。これに加えて，東西に横たわる標高 4,500 m 前後のチベット高原は，対流圏中部の大気を顕熱加熱によって直接暖め，夏のアジアモンスーンを強化する要因の一つになっている。

一方，冬季のモンスーンでは，放射冷却によって冷やされたシベリア気団の寒気が，相対的に暖かいアリューシャン低気圧に向かって吹き込むという特徴がある（図 6.3）。

このようにモンスーン循環は大量の降水をともなうことから，地球気候システムにおける熱・水循環システムの主要な構成要素となっている。現在，多くの人口を抱えるアジアは急速な経済発展を続けており，それを支える水資源の確保が国境を越えた課題となっている。モンスーンは風と雨

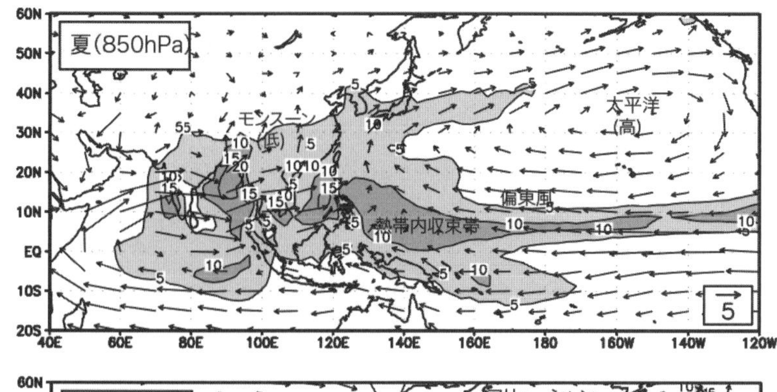

図 6.2　大気下層（850 hPa）における夏季（6～8 月）の風ベクトルと降水量の気候値

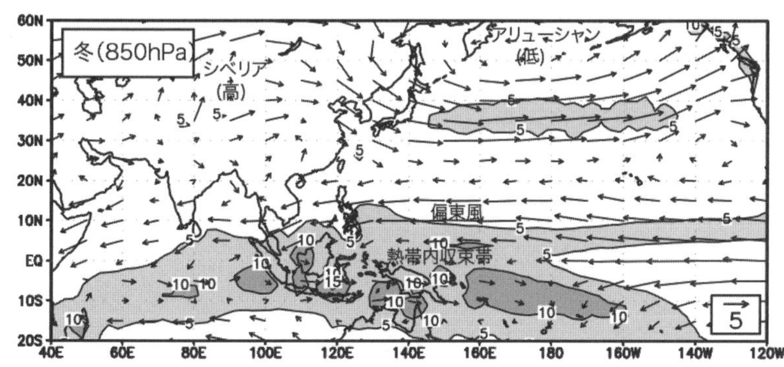

図 6.3　図 6.2 に同じ，ただし冬季

の季節変化として特徴づけられるが，この変化は時期・強度ともに必ずしも毎年同じではなく，アジア域に住む 30 億人あまりの人々の農業や経済活動は，モンスーン変動に大きく影響を受けている。一般にエル・ニーニョ現象（第 7 章参照）は冬季にピークを迎えるが，その翌年のアジアモンスーンは総じて弱まることが知られており，季節予報の精度向上に向けた研究が盛んに行われている。

第 7 章　海　洋

(1) 海洋大循環

海流は，海上を吹く卓越風によって引き起こされる水平方向の流れを指し，これを**風成循環**と呼ぶ。海洋大循環は海の表層だけではなく，深層にも存在する。**表層循環**の形成においては，風の作用が重要である。風が一定の方向に吹き続けている場合，表層の海水は風にひきずられる。この時に転向力がはたらくため，北半球では風下に向かい右 45° の方向に海水が運ばれ，流れは深さとともに右回りにらせん状に変化する。この運動を鉛直方向に平均すると，風向に対して直角右 90° に向かう（これをエクマン輸送とよぶ）。一方，**深層循環**は**熱塩循環**（thermohaline circulation）とよばれる塩分や海水温の変化に起因する密度差によって駆動されている。

ここでは海洋表層の流れをみていこう（図 7.1）。海流は黒潮やメキシコ湾流のような赤道から極に向かう暖流と，カリフォルニア海流やペルー海流などの極から赤道に向かう寒流に大別される。暖流は大気を暖め，水蒸気を供給するため周辺の気候は湿潤になる。たとえば，西ヨーロッパは北大西洋海流の影響で，同緯度の他地域に比べ温和である。一方，寒流は冷涼で乾燥した気候を生み出す。ペルー海流によって形成されたチリのアタカマ砂漠はその代表例である。

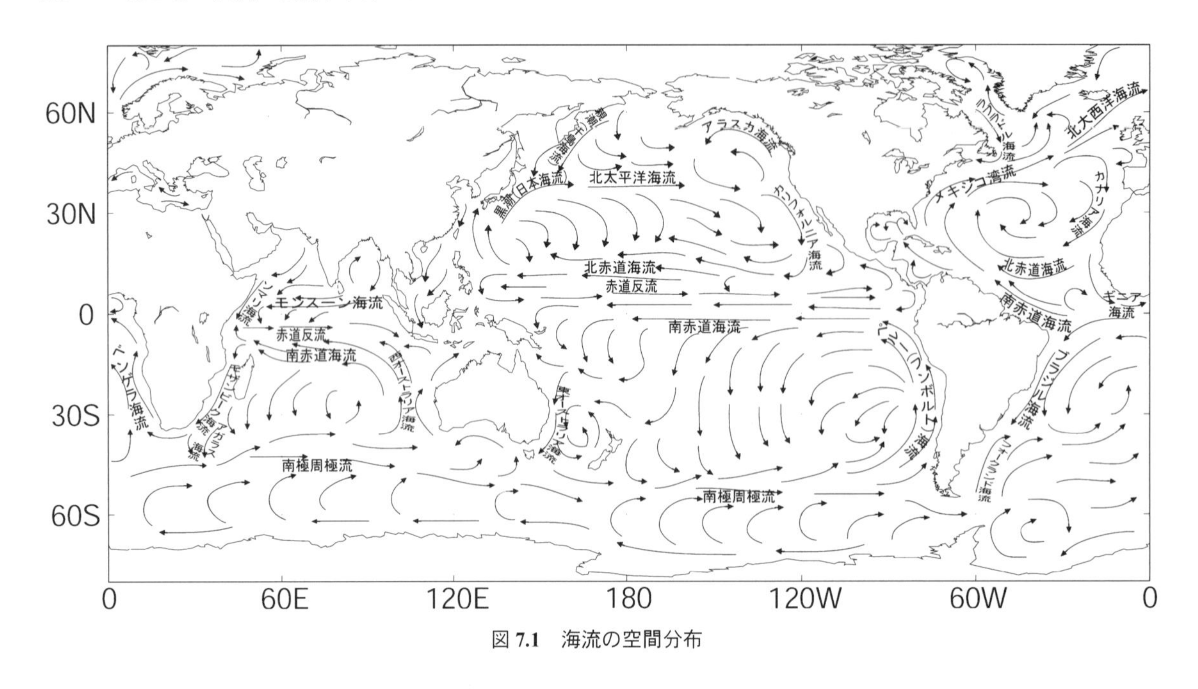

図 7.1　海流の空間分布

(2) 大気海洋相互作用

海洋は大気に比べ，比熱が 4 倍，全質量が約 300 倍大きい。そのため，海が貯えている熱量は大気の 1,000 倍以上と見積もられる。地球環境における海洋の役割は，大気との間での大量の熱のやりとりにある。たとえば，海洋の熱容量は大気に比べ非常に大きいため，気温の日較差を小さくしている。

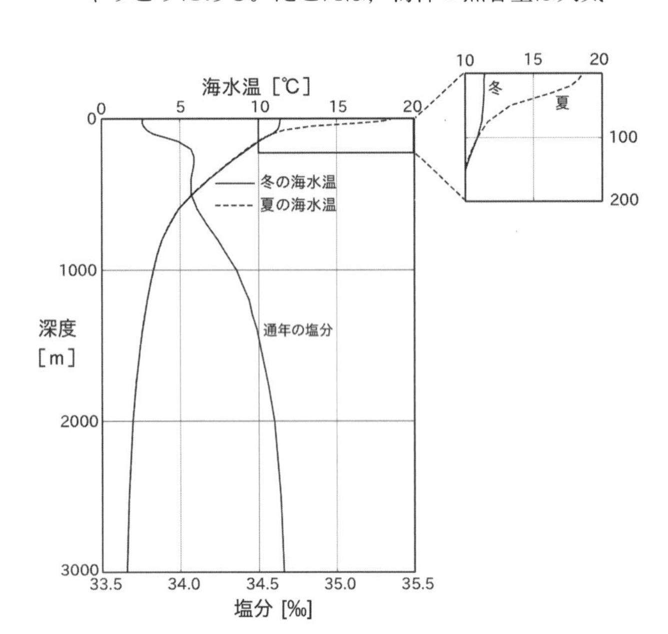

図 7.2　中緯度における夏と冬の海水の温度の深さに対する変化

一方，海洋内部の運動においては，密度が重要である。図 7.2 は中緯度の海洋における塩分・温度の垂直構造を表す。海水の密度は，おもに塩分と温度によって決まり，それにしたがって海洋上部から水深 100 m 付近までの混合層，その下で 1,000 m 付近までの**温度躍層**（thermocline），さらにその下の深層の三つの層に分けられる。混合層では，風による攪拌や冬季の表層水塊の冷却による対流などによって海水の上下の混合が引き起こされるため，水深 50 ～ 100 m ぐらいまではほぼ等温になっている。温度躍層では深さとともに急激に温度が低下し，水深 1,000 m 前後で 3 ～ 4℃になり，それ以下では温度がほぼ一定の深層となる。混合層や温度躍層は緯度・季節によって変化する。

海面での蒸発量が降水量を上回っている亜熱帯高気圧下などでは，中緯度とは異なり，塩分が高くなっている。塩分の高い水は相対的に重いため，海水は沈み込み，混合層内ではほぼ一定濃度となる。温度躍層では塩分は温度と同様に低下し，深層ではほぼ一定となる。

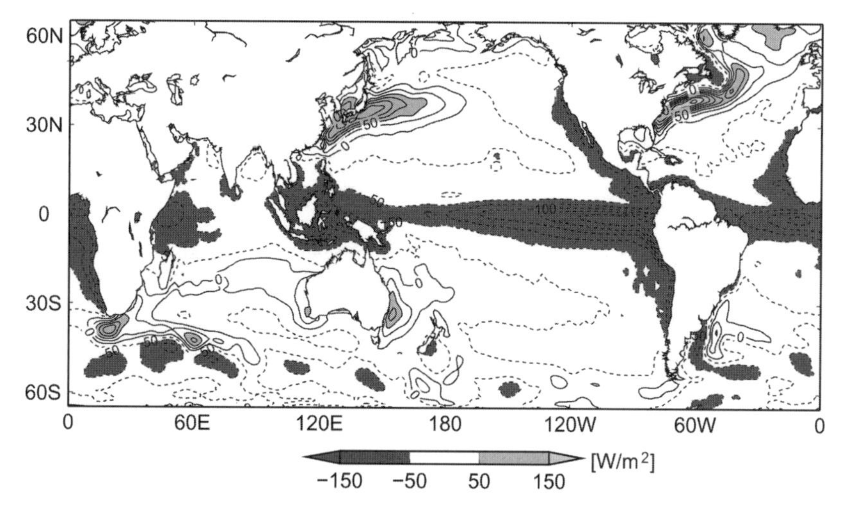

図 7.3 海面全熱フラックスの空間分布
海洋から大気への熱の放出を正としている．データは OAFlux に基づく．

太陽からの短波放射は海洋の表層で吸収される。一方，海洋から大気へは温度によって決まる電磁波（長波）が放出される。さらに海洋表層では，蒸発により潜熱が奪われたり，海面と大気の温度差に起因した顕熱の輸送が行われている。このような熱の移動には，大気と海洋間で双方向のやりとりがある。

大気は海流を引き起こし，海洋がゆっくりと動くことで海面水温の値や空間的な分布が変わる。すると海洋を熱源とする大気の流れも変わり，それらがさらに海洋循環を変化させる。このように大気と海洋は，連鎖的に相互に作用し合っており，これを**大気海洋相互作用**とよぶ。図 7.3 は海面での正味の短波放射量，正味の長波放射量，潜熱フラックス，顕熱フラックスの和を示す。黒潮やメキシコ湾流が卓越する中緯度域では，暖水が低緯度から運び込まれることや，冬季に冷たく乾いた風が吹くことによって，海洋から大気へ熱が多量に放出されている。一方，赤道域では海面に達する短波放射量が大きく，正味としては海洋が熱を受け取っている。

(3) エル・ニーニョ

エル・ニーニョ（El Niño）は，スペイン語で「幼子イエス・キリスト」を指し，ペルー北部の人たちの間で乾季の恵みの雨を意味する言葉として使われ始めたとされる。通常，東太平洋地域では，赤道湧昇と沿岸湧昇によって栄養塩が湧き上がってくるためプランクトンが多く，豊かな漁場が形成されている。ところが，毎年クリスマスの頃になると湧昇の弱化による海水温の上昇が起こり，休漁になる。この季節的な海水温の昇温現象をクリスマスにちなみ，地元ではエル・ニーニョとよんでいた。ところが数年に一度，海水温が高い状態が 1 年以上持続することがあり，1960 年代になると，この異常現象はペルー沖にとどまらず，赤道中・東部太平洋にまで広がっていることがわかってきた。現在では，エル・ニーニョは，数年に 1 回発生する赤道付近の高水温現象を指す言葉として使われている。

エル・ニーニョ現象は，海洋のみならず熱帯の大気とも密接に関係している。古くから地上気圧と高い相関があることが知られており，これらを総称して**エル・ニーニョ／南方振動**（ENSO）とよぶ。図 7.4a に示すように，通常西太平洋では海水温が高く，対流活動は豊富な海面からの蒸発に支えられて活発になり，低圧部が形成される。その低圧部に向かって東太平洋から偏東風が吹き

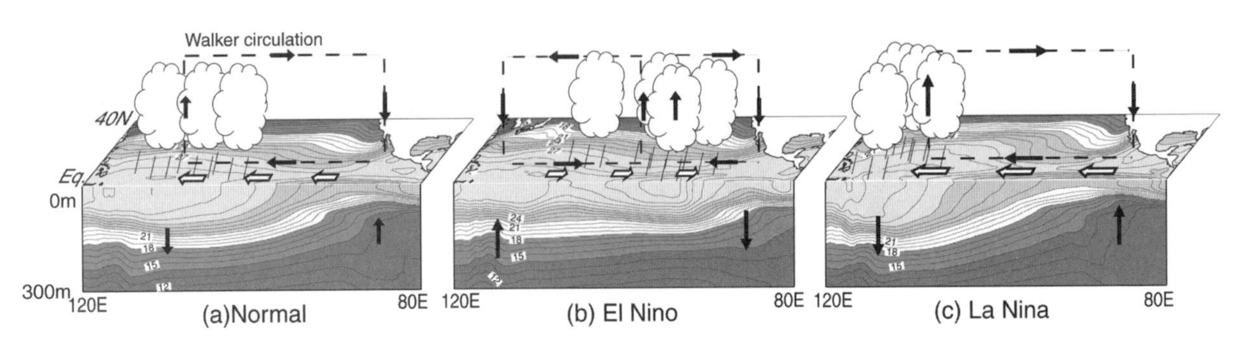

図 7.4　熱帯域の大気と海洋の循環
(a) 通常時, (b) エル・ニーニョ時, (c) ラ・ニーニャ時.

込み上昇流となる。西太平洋で上昇した空気は，対流圏の上層で東太平洋に向かい，そこで沈降する。これらの東西鉛直循環のことを，南方振動の発見者にちなんで**ウォーカー循環**とよぶ。

エル・ニーニョ時には赤道中・東部太平洋の海水温が平年に比べて上昇し，その上での対流活動が活発になる(図 7.4b)。対流活発域に向かって西太平洋では西風偏差(偏東風の弱化)となり，結果としてウォーカー循環は弱まる。逆に，西太平洋からスマトラなどの海洋大陸上の対流活動は弱まり，降水の減少による干ばつや**森林火災**が生じる。このように，エル・ニーニョは全球的な現象である。エル・ニーニョとは反対に，ウォーカー循環が通常より強まる状態を**ラ・ニーニャ**という（図 7.4c)。

エル・ニーニョの予測は半年以上前から行うことが可能になっている。その鍵は，**海洋波動**とよばれる海洋内部での暖水と冷水の東西方向への周期的な伝播にある。海洋波動にはケルビン波とロスビー波の 2 つがある。ケルビン波は赤道で振幅が最大で，東方にのみ伝播する。ロスビー波は赤道から少し離れたところに最大振幅をもち，西進する。これらの東西方向の海洋波動により，海水温が周期的に変化することを根拠に，エル・ニーニョの予測が行われる。海洋波動は大気と結合しているため，ENSO サイクルは大気海洋相互作用の**自励振動**（遅延振動子）として説明される。

■コラム

人間活動が引き起こす大気汚染

人為的な汚染物質の排出により，大気中の微量成分が変化し，人間生活の安全と健康に影響が及んだり，快適な生活の妨げになることを大気汚染という。人為的に排出された汚染物質は，火山ガスや土壌などの自然起源の微量成分とも複合作用をもたらすことがあるので，これらよる汚染も合わせて大気汚染とよばれることもある。大気汚染の原因物質にはガス状と粒子状の物質があり，大気中で化学反応や変質により変換する。また，降水や地表面への付着によって大気中から除去される。これらの過程は以下に述べるように汚染物質の性質によりさまざまである。

硫黄酸化物（SOx）

石油や石炭など硫黄分が含まれる化石燃料を工場などで燃焼する際に発生する。火山活動によっても発生する。ガス状の二酸化硫黄（SO_2）も，大気中の化学反応と相変化あるいは別の粒子状物質への取り込みにより，粒子状に変化する。昭和40年代には，工場などからの煙などに含まれる硫黄酸化物によって大気汚染はきわめて深刻となり，四日市や川崎ではぜん息などの健康被害が社会問題化した。その後，硫黄分の少ない良質な燃料を使うことで排出量を減らす，排煙脱硫装置によって硫黄酸化物の大部分を取り除いてから排ガスを放出するなどの対策により，わが国における硫黄酸化物の濃度は低下を続け，ほとんど環境基準を脅かすことはなくなった。

窒素酸化物（NOx）

硫黄酸化物と同様に燃焼施設から排出される。排出時には大部分が一酸化窒素（NO）であるが，大気中で比較的速やかに反応し，一部が二酸化窒素（NO_2）に変化する。二酸化窒素はとくに呼吸器に悪影響を及ぼす。工場だけでなく自動車からも大量に排出されるため，SO_X に比べると大気汚染濃度の改善は遅れていた。現在は，自動車エンジンの燃焼温度の改善や，排ガスの触媒除去装置の普及，ディーゼル車の規制などにより，以前よりもかなり改善し，環境基準をおおむね達成している。

浮遊粒子状物質（SPM）**と微小粒子状物質**（PM 2.5）

大気は乱流によって撹拌・混合されているので，粒径が約 10 μm 程度より小さな粒子の大部分は長時間にわたり，大気中を浮遊している。このような浮遊粒子状物質（SPM）のうち，とくに粒径が 2.5 μm 以下のものは PM 2.5 とよばれる。SPM は肺や気管などに沈着して呼吸器に影響を及ぼすため，その監視と予測は重要である。とりわけ，PM 2.5 は通常の SPM よりも肺の奥まで入り込むため，近年問題となっている。SPM は，土壌や海洋起源のものもあるが，工場・工事現場などから排出されるばいじん・粉じんや，ディーゼル車などからの排ガスなど人為起源のものもある。発生源から直接大気中に排出される一次粒子と，ガス状汚染物質が化学反応などにより粒子状の汚染物質に変化してできる二次粒子に分類される。環境大気中から捕集された粒子の重量によって SPM 濃度が算定されている。硫黄酸化物や窒素酸化物ほどではないが，少しずつ改善しており，現在では環境基準を達成しつつある。

光化学オキシダント（Ox）

自動車などから排出される窒素酸化物と炭化水素が大気中で光化学反応によって変質すると，光化学オキシダントを生成する。窒素酸化物や炭化水素など直接排出される汚染物質を一次汚染物質，光化学オキシダントのように反応や変質により生成される汚染物質を二次汚染物質とよぶ。光化学オキシダントはオゾンを主成分とする多様な成分からなる汚染物質である。成分には人体にきわめて有害な物質が含まれており，夏の高濃度時には目の痛みなどの被害をもたらす。現在でも環境基準達成状況は低い。

酸 性 雨

工業地帯や都市から排出された窒素酸化物や硫黄酸化物は，発生源からはるか離れたところの降水を酸性にすることが知られている。これが酸性雨である。わが国を含む東アジアでも，国境を越える汚染物質の量はきわめて多いと考えられている。酸性雨は湖沼を酸性化し生態系を破壊したり，森林に深刻な悪影響を与えることがある。また，金属・コンクリート・石材などでできた建造物や文化財にも損傷を与える。発生源から放出された一次汚染物質は，風による輸送と拡散により大気中に広がる。一部はそのまま地面に付着するが，一部は化学反応や相変化により粒子化する。粒子化した汚染物質の一部も地面に付着する。

ガス状あるいは粒子状の汚染物質が地面に付着して，大気中から除去されることを乾燥沈着という。乾燥沈着は汚染物質を大気中から除去するが，逆に地表面では植物や建造物に被害をもたらすことがある。汚染物質は雲の核や雨滴に取り込まれ，地上に落下する。このときの雨水の酸性度は含まれている微量物質の種類と量により決まるが，汚染が進むと強い酸性を示すことが多い。

第Ⅲ部　水循環システム

第8章　水循環システムとは何か

(1) 水循環の概念

水は地球において最も豊富に存在する物質であり，あらゆる生命に欠くことができない。水の最も基本的な性質は循環していることであり，水は循環する過程で自然界に物理的・化学的・生物的な作用を及ぼし，人間活動も水のあり方に強く影響を受ける。

図8.1は，地表付近における**水循環**（hydrological cycle）を模式的に表したものである。海洋や陸地から蒸発した水蒸気は，大気上空で凝結し雲となる。これはやがて雨や雪，すなわち降水として地表に到達する。地表に到達した降水の一部は直接地表を流れて河川や湖沼に流出し，また一部は**浸透**（infiltration）して**土壌水**（soil water）や**地下水**（groundwater）となり，河川や湖沼等の地表水に**流出**（runoff）するか，あるいは直接海洋に流出する。地表水や海洋に到達した水は再び蒸発し，大気上空に戻る。また，地表面からの蒸発や植物を介した**蒸散**（transpiration）によって大気上空に戻る水もある。水循環を中心概念とし，自然界における水の分布やあり方，循環，水量と水質，水と環境との関係，人間と水とのかかわりなどを系統的に理解するための科学を**水文科学**（hydrological science）という。

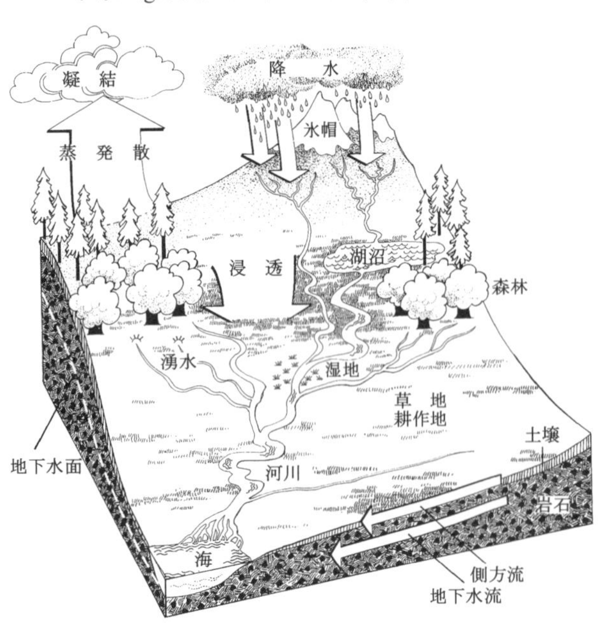

図8.1　地表付近における水の循環を示す模式図（Jones, 1983を修正）

(2) 水循環の駆動力

水循環の駆動力は，**太陽エネルギー**と**重力**である。大気―地球系のすべての物理過程に必要なエネルギーの99.98％は太陽から供給される。第4章の（5）で記したように，地球大気の上端で太陽光線に垂直な面が受け取る太陽放射エネルギーは1.37×10^3 W/m^{2}であり，太陽定数とよばれる。地球は球形をしているので，地球の大気上限に到達する平均太陽放射量は太陽定数の1/4，約340 W/m^{2}である。

大気―地球系の放射収支については，第4章の（7）で記したように，平均太陽放射量を100とすると，地表面での**正味放射量**は30となる。この30が顕熱7と潜熱23に配分される（図4.6参照）。水の蒸発に使われる潜熱23は，2.47×10^9 J/（m^{2}年）である。これを水の気化熱2.47×10^9 J/m^{3}で除すと，1 m/年＝1,000 mm/年であり，これが世界の年平均蒸発量，すなわち年平均降水量である。潜熱に空気を暖める顕熱を加えると3.22×10^9 J/（m^{2}年）となり，これが水循環と対流を生ずる駆動力になる。

表 8.1　地球の水の滞留時間

貯水体	平均滞留時間
海洋	2,500 年
氷雪	1,600 ～ 9,700 年
永久凍土層の氷	10,000 年
地下水	1,400 年
土壌水	1 年
湖沼水	17 年
湿地の水	5 年
河川水	17 日
大気中の水	8 日

（Shiklomanov, 1997 を一部修正）

図 8.2　恋瀬川流域（茨城県）
石岡で霞ヶ浦に流出する恋瀬川の流域界が太線で示してある.

(3) 水収支

水循環のある一部分を切り取ると，その小部分には水の流入と流出があり，両者のバランスにより水の**貯留量**が変化する。このような水循環の一部分における水の収支は，以下のような水収支式（質量保存則）として表される。t を時間として，

$$p(t) - q(t) = d / dt\, V(t) \qquad (8.1)$$

ここで，$p(t)$ は入力，$q(t)$ は出力，$V(t)$ は水の貯留量である。水循環の一部分における**水収支**（water balance）を明らかにすることは，水の循環様式や利用可能量を考えるうえで重要である。

水循環の特性を表す指標の 1 つが**平均滞留時間**（mean residence time）である。定常システムでは，平均滞留時間は次式で示される。

$$Tr = V / q \qquad (8.2)$$

ここで，Tr は平均滞留時間，V は平均水貯留量，q は平均輸送量である。表 8.1 に各水体の平均滞留時間，すなわち平均更新時間を示す。各水体の平均滞留時間は，日単位から 10^4 年単位までさまざまである.

(4) 流　域

一般に，河川の供給源となる降水の降下範囲を**流域**（watershed または drainage basin）という。また，隣接する流域の境界を**分水界**（divide）または流域界（図 8.2）という。分水界は，一般には尾根に沿う地形的分水界として定められる。

図 8.1 に示すように，地表面に到達した水は，流域表面および内部を流下・流動し，河川・湖沼などの地表水に流出する。流域への入力は**降水量**，流域からの出力は**蒸発散量**と**流出量**である。したがって，式 8.1 の水収支式を，流域を単位とすると以下のようになる。

$$P - Et - R = dS / dt \qquad (8.3)$$

ここで，P は降水量，Et は蒸発散量，R は流出量，dS / dt は流域の貯留量変化である。水収支期間の単位を 1 年とした場合には，一般的に流域の貯留量変化は無視することができる。

(5) 地球上の水および水資源量

地球の各水体の量を，表 8.2 に示す。水の総量は約 13.8×10^8 km^3，その 97.5％は海水であり，淡水（fresh water）は残りの 2.5％，約 3.5×10^7 km^3 である。淡水中で最も多いのは氷雪であるが，我々は氷雪をそのまま**水資源**として利用することはできない。人間生活や経済活動に利用可能な淡水は地下水や河川水，湖沼水などであり，その貯留量は地球上の水の約 0.8％である。一方，水は循環することによって更新される資源であり，水資源を評価する場合にはその貯留量のみならず，表 8.1 に示すように，各水体の平均滞留時間を考

表 8.2　地球上の水の量

貯水体	貯水量 (× 10^3 km^3)	全貯水量に対する割合 (%)	淡水に対する割合 (%)
海 洋	1,338,000	96.5	–
氷 雪	24,064	1.74	68.7
永久凍土層中の氷	300	0.022	0.86
地下水	23,400	1.7	–
うち淡水	10,530	0.76	30.1
土壌水	16.5	0.001	0.05
湖沼水	176.4	0.013	–
うち淡水	91	0.007	0.26
湿地の水	11.5	0.001	0.03
河川水	2.12	0.0008	0.006
生物中の水	1.12	0.0002	0.003
大気中の水	12.9	0.001	0.04
合 計	1,385,984	100	–
うち淡水	35,029	2.53	100

（Shiklomanov, 1997 に基づいて作成）

慮する必要がある。

地球上の降水量は 577.0 × 10^3 km^3/ 年であり，陸域のそれは 119.0 × 10^3 km^3/ 年である。このうち 74.2 × 10^3 km^3/ 年が陸域からの蒸発により失われ，2.2 × 10^3 km^3/ 年が地中に浸透して流出するため，直接河川へ流出する流量は 42.6 × 10^3 km^3/ 年である。

表 8.3 に，河川水などの水資源量を大陸別に示した。水資源量はアジアで最も多く，続いて南アメリカ，北アメリカ，アフリカ，ヨーロッパ，オーストラリア・オセアニアの順となっている。水はきわめて地域的偏在性の高い資源であり，気候，地形，地質などに大きく影響される。

わが国では 2014 年に**水循環基本法**が施行され，その第 3 条には，「水循環の重要性，水の公共性，健全な水循環への配慮，水循環に関する国際的協調の重要性」などが，基本理念として明記されている。こうした動向のもと，国際機関，各国政府，自治体，住民，教育・研究機関，企業など，さまざまなレベルにおいて，水循環の基本的な理解に基づき，持続可能な水資源の保全と利用にかかわる取組みを推進する気運が高まっており，水文科学の役割がますます重要になっている。

表 8.3　大陸別の更新可能な水資源量

大　陸	河川水などの量 (km^3 / 年)	単位あたりの河川水等の量 (× 10^3 m^3 / 年)	
		km^2 あたり	一人あたり
ヨーロッパ	2,900	278	4.2
北アメリカ	7,770	320	17
アフリカ	4,040	134	5.7
アジア	13,508	309	4.0
南アメリカ	12,030	674	3.8
オーストラリア・オセアニア	2,400	268	84
合　計	42,650	316	7.6

（Shiklomanov, 1997 に基づいて作成）

(6) 液体としての水循環プロセス

地表面における水の分配

地表面に到達した降水は，樹木や草本などの植生によって複数の経路に分配される（図 8.3）。樹木の集合体である森林に到達する前の降雨を，**林外雨**（gross rainfall）とよぶ。樹木の枝や葉からなる樹冠に到達した降雨の一部は，蒸発し水蒸気として直接大気に戻る。これを**遮断蒸発**（interception loss）という。一方，土壌中の水を植物が根から吸水し，葉から大気に戻す現象を，蒸散とよぶ。樹冠に捕捉された後，再び落下して地表面に到達した降雨を樹冠滴下雨，樹冠に捕

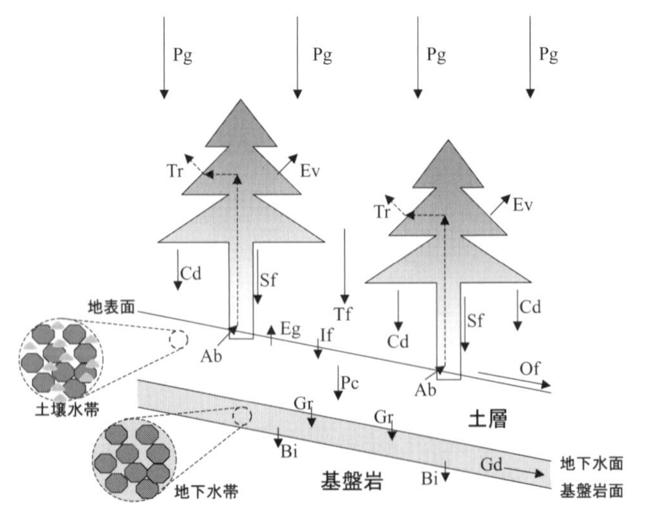

図 8.3　地表面における水の分配
Pg：林外雨，Tf：樹冠通過雨，Cd：樹冠滴下雨，Sf：樹幹流，Ev：遮断蒸発，Tr：蒸散，Ab：吸水，Eg：地面蒸発，If：浸透，Of：地表流，Pc：降下浸透，Gr：地下水涵養，Bi：岩盤浸透，Gd：地下水流出.

捉されずに地表面に達した降雨を樹冠通過雨とよび，両者を合わせて**林内雨**（throughfall）という。枝や葉に捕捉された降雨は，樹幹を伝って地表面に達するものもあり，これを**樹幹流**（stemflow）とよぶ。林内雨および樹幹流として地表面に到達した水は，土壌中に浸透するか，**地表流**（overland flow）となり地表面上を流下する。

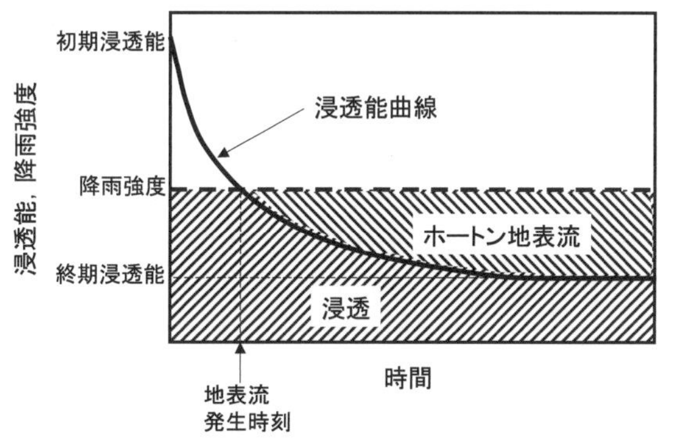

図 8.4　浸透能の時間変化と地表流の発生を示す模式図

浸透と浸透能

地表面から土壌中に浸透した水が，深部に向かって移動する現象を**降下浸透**（percolation）という。水が地表面にどの程度浸透するかを表すパラメータが，**浸透能**（infiltration capacity）である。浸透能は，土壌の種類によって，また土壌の水分状態などによって異なるが，一般には，降雨初期において高く（初期浸透能），その後速やかに低下し，一定値に収れん（終期浸透能）する（図 8.4）。降雨強度が一定である条件を仮定すると（図 8.4），雨の降り始めから浸透能が降雨強度を上回っている間は，すべての降雨は浸透するが，浸透能が降雨強度を下回ると，余剰降雨は浸透しきれずに地表面を地表流として流下するようになる。このようにして発生する地表流を，**ホートン地表流**とよぶ。従来，温帯湿潤地域の森林植生のある山地斜面では，地表面の浸透能はほとんどの場合降雨強度を上回るので，ホートン地表流が発生することはまれであるといわれてきた。しかしながら近年，樹木の状態によっては森林斜面でもホートン地表流が発生する事例が観測されている（第 9 章参照）。

土壌水と地下水

土壌に穴を掘るとある深度で水面が表れるが（図 8.3），この水面を**地下水面**（groundwater table）とよび，これより深部にある水が地下水，浅部にある水が土壌水である。土壌水と地下水を合わせて，**地中水**（subsurface water）という。

土壌は，土壌粒子（固相），水（液相），空気（気相）の 3 相からなり，土壌粒子以外の部分，すなわち水が存在できるすきまの部分を**間隙**（pore）とよぶ。地下水は間隙を水が完全に満たしている飽和状態にあるが，土壌水の大部分は間隙に水と空気が混在する不飽和状態にある。

地下水に水が供給されることを**地下水涵養**といい，対象とする領域から地下水が出て行くことを**地下水流出**という。

基盤岩面より浅い部分である土層は地下水の主要な流動の場（**帯水層**：aquifer）になっているが，土層から基盤岩に浸透（岩盤浸透）する地下水（基盤岩地下水）が少なからずある。基盤岩地下水は山地の流出や斜面崩壊などの水文地形プロセスにも大きな影響を及ぼしている。

河川水・湖沼水と地下水の関係

図 8.5 に，山地源流域において降雨時に観測された河川流量の時間変化（**ハイドログラフ**：

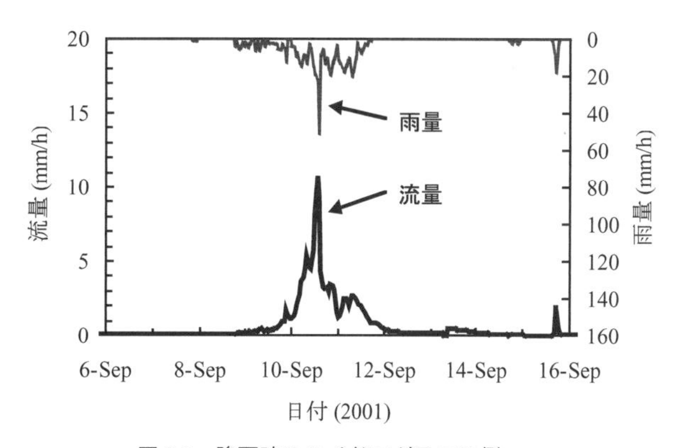

図 8.5　降雨時のハイドログラフの例

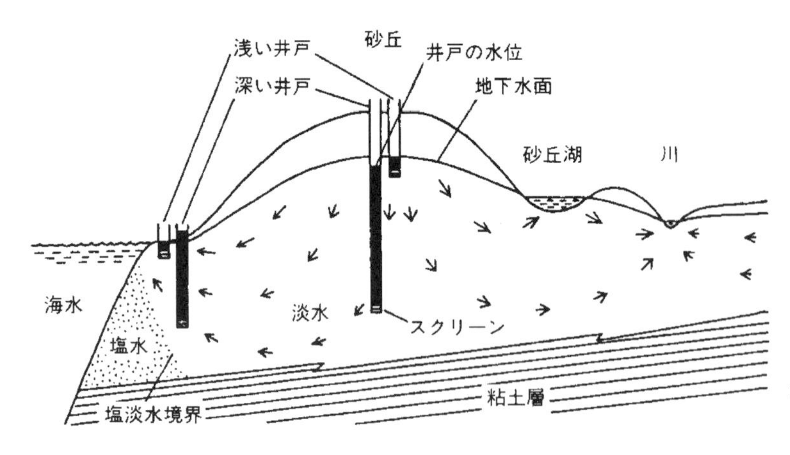

図 8.6　砂丘における地下水の動き，河川・湖沼との交流を示した模式図（榧根，1992 を改変）

hydrograph）を示す。降雨とともに流量も増加し始め，雨量がピークに達するとほぼ同時に流量も最大になる。この図は，降雨に対し河川が動的に応答することを示している。

図 8.6 は，砂丘における地下水の動きと河川水，湖沼水の関係を示した模式図である。全体として地下水は地形の高いところから低いところへ，すなわち地下水面の高い部分から低い部分に向かって流動し，湖沼や河川に流出する。このように，河川や湖沼などの表流水は，地下水と連続し，地下水面の一部を構成する。湖沼の左側では地下水が流出し，右側では湖沼から地下水への涵養が生じている。すなわちこの湖沼の半分は地下水によって養われ，残り半分は地下水を養っている。一方，湖沼の右側にある河川は，地下水によって維持されている。砂丘の最も高い部分では地下水は下向きに流動するのに対し，河川や湖沼水，海水への流出域では，反対に深いところから浅いところに向かって地下水が流動している。図中のスクリーンは，井戸における地下水の取り込み口である。隣り合った井戸でも，スクリーンの深度が異なると，水位が異なる。地下水が下向きに流動する部分では，浅い井戸ほど水位が高く，地下水が上向きに流出する部分では，深い井戸ほど水位が高い。このように，井戸内の水位を測ることにより，地下水の流動状況を知ることができる。

以上のように，陸域の降水，土壌水，地下水，河川水，湖沼水などは，植生や地質・地形などの場の条件と相互に作用し合いながら，ダイナミックな水循環プロセスを形成しているのである。

(7) 水蒸気としての水循環プロセス

地表面付近の液体の水が，日射のエネルギーにより水蒸気となり，大気中を上方へ輸送される過程を，**蒸発散**（evapotranspiration）とよぶ。そのうち，植物体を通して水が気化する過程が蒸散，それ以外の水面や裸地土壌面での水の気化過程が蒸発である。

地表面における放射収支

蒸発散に必要なエネルギー（図 8.7）は，日射によって与えられ，その正味放射量 R_n は以下のように表される。

$$R_n = R_{sd} - R_{su} + R_{ld} - R_{lu} \tag{8.4}$$

R_{sd} は**日射量**，R_{su} は**反射量**，R_{ld} と R_{lu} はそれぞれ下向きと上向きの長波放射量である．また，日射

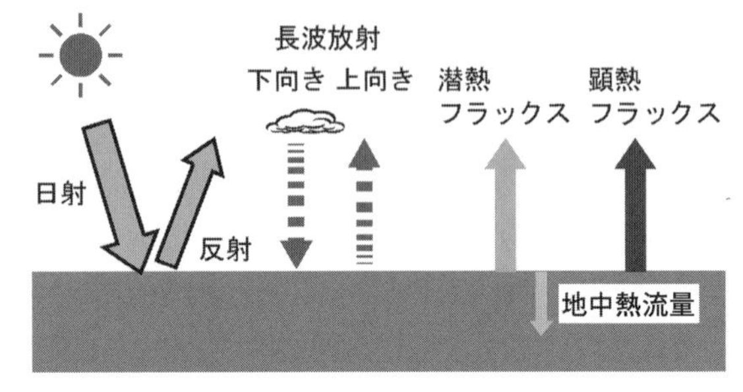

図 8.7　地表面放射収支・熱収支の各項目

量との比 R_{su}/R_{sd} を反射率（アルベド）とよぶ。

地表面における熱収支

正味放射量として地表面に与えられたエネルギーは，おもに以下の 3 つの項目に使われる。

① **地中熱流量** G：地面を暖めるために使われる。地表面から地中に伝導していく熱流量。

② **顕熱フラックス** H：地表面が接する大気を暖めるのに使われる。日中の気温上昇を引き起こす。

③ **潜熱フラックス** $L_e Et$：蒸発散に使われる水の気化熱。

よって，地表面の熱のバランス（熱収支）は以下のように表される（図 8.7 参照）。

$$R_n = L_e Et + H + G \tag{8.5}$$

夏の晴天日の日中ではこの式の各項目は正であるが，その割合は，地表面の土地被覆，地表面の乾湿の状態，植生のはたらきなどによって，大きく異なる。顕熱フラックスと潜熱フラックスとの比 $H/L_e Et$ は**ボーエン比**（Bowen ratio）とよばれ，両者の相対的な大きさの指標となる。

蒸発散を支配する因子

地表面からの蒸発散量をコントロールする条件について，洗濯物の乾き具合から考えてみよう。洗濯物は，よく晴れた日，風の強い日，乾燥した日によく乾く。また，日陰干しよりも日向干しの方がよく乾く。地表面からの蒸発散量も同様に考えることができ，大まかには以下のように表される。

蒸発散量＝バルク係数×風速×（地表面の水蒸気圧－大気の水蒸気圧）　(8.6)

バルク係数とは，地表面の状態（粗さ，湿潤度）や大気の状態などにより決まる定数である。洗濯物の場合，衣服の素材によっても差があり，化学

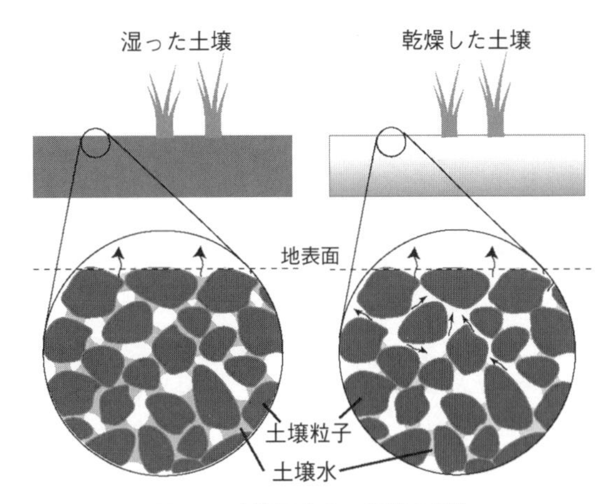

図 8.8　土壌面からの蒸発の概念

繊維の方が木綿よりも乾きやすい。同様に，地表面の種類，土壌や植生の種類およびその性質により，蒸発散量が支配される。これは，バルク係数が，地表面の状態により異なることで説明される。

蒸発散のメカニズム：地表面で起こっていること

地表面の状態が蒸発散量に与える影響について，まず裸地面蒸発の例を考えよう。土壌が湿潤なときには，土壌水の気化はほぼ地表面近くで起こり（図 8.8 左），気化した水蒸気は大気中を運ばれる。さらに蒸発が進むと，地表面付近の土壌水が減少し，液体の水の気化が起こる深度がしだいに下方に移っていく。このとき，土壌内で気化した水蒸気は，土壌粒子間の入りくんだ間隙の中を分子拡散によってゆっくりと移動するため，土壌が湿潤なときよりも蒸発は格段に遅くなる（図 8.8 右）。すなわち，裸地面土壌からの蒸発は土壌水分に大きく依存し，地表面付近の土壌水分が減少するにともない，蒸発量が抑制されるのである。

一方，草原や森林などの植生面での蒸散はこれとは異なる（図 8.9）。植物は，根から窒素などの栄養塩とともに土壌中の水分を吸収して体内に取り込み，最終的にはその一部を葉の裏側の気孔から放出する。このプロセスが蒸散である。植物体は，一般に地中深く，あるいは広く張った根から水を吸収することができるため，蒸散量は，裸地

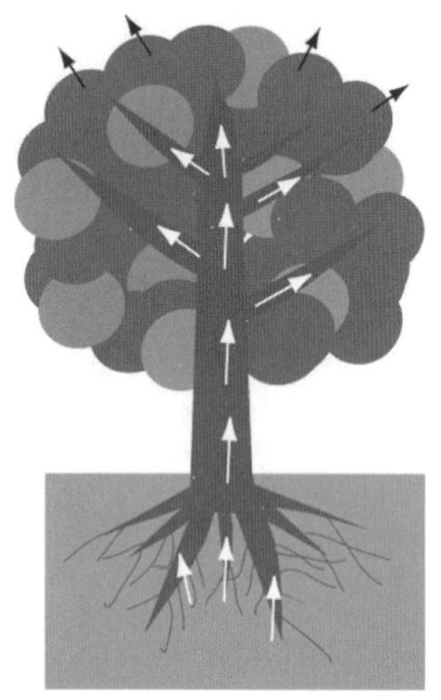

図 8.9　植生を通じた蒸散

面蒸発量ほど地表面の土壌水分に依存しない。同様に，単年性の草よりも多年生の木のように，深くあるいは広く根を張った植物の方が，地表面土壌が乾燥しても蒸散を続けることができる。乾燥地では，数 m 以深まで根を張っている植物もある。

蒸散は植物の生理活動の一面であるので，植物の栄養塩の吸収や，光合成活動などと深い関係がある。そのため，近年では，植物の蒸散活動は炭素同化作用とともに研究されている。

蒸発散のメカニズム：水蒸気はどう輸送されるか

最後に，地表面から蒸発散によって放出された水蒸気がどのように大気中を輸送されるかを考えよう。大気の最下層にある**大気境界層**は，とくに晴天日の日中には約 1,000 ～ 2,000 m 程度の高さまで発達し，そこでは地表面からの加熱によって強い対流が起こっている。地表面から放出された水蒸気は，この対流によって大気境界層上端まで輸送される。

第 9 章　土地利用が水環境を変える：植生と水環境

(1) 森林と草原の流出のちがい

森林と草原における流出のちがいは，「森林の有無によって流域からの流出にどのような影響が出るのか」という，森林水文学の重要な研究課題であった。この課題のために，1960 年代に各国で対照流域法とよばれる野外実験が行われた。この方法は，図 9.1 に示すように，地形・地質・気候条件がほぼ同じである隣り合った 2 つの流域を選定し，一方の流域の樹木を伐採したり，反対に植林したりし，その後の流域の応答をみるものである。この方法では，手を加えない流域（コントロール流域）と加えた流域を比較することにより，降水量や地形のちがいなどの条件に左右されず，森林が流域の水循環に及ぼす影響だけを抽出して評価することができる。

図 9.1　北米ハバードブルック試験流域における対照流域試験の様子　A 流域が森林を伐採した流域.

1970 年代までに行われた，世界の 94 カ所における対象流域試験の結果を整理した研究によれば，流域全体に占める森林の割合が少なくなると流出量が増加することが示された。また，世界 240 カ所の試験流域の水文観測データを解析した結果を図 9.2 に示す。これによれば，年平均降水量が増えるほど森林流域と草原流域の年平均流出量の差が増加し，年降水量約 2,600 mm の場合，草原流域では森林流域に比べ年流出量は 500 mm

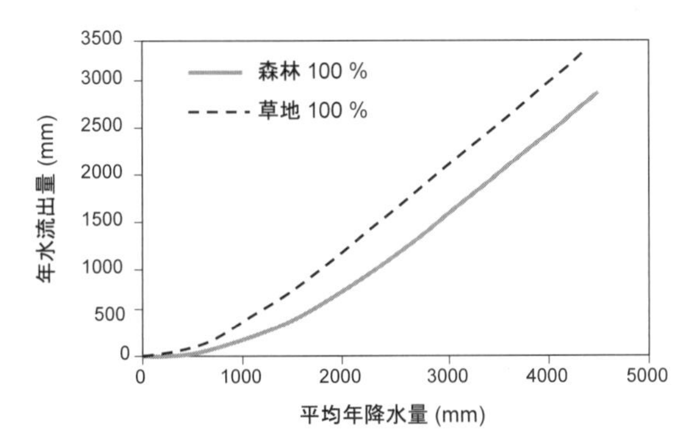

図 9.2　世界各国の試験流域水文観測結果における森林 100％流域と草原 100％流域の平均的な年流出量の比較
（Zhang *et al.*, 2001 のデータをもとに蔵治, 2003 が作成）

程度多くなる。

このように長期水収支をみれば，森林は流域の流量を減少させる効果をもっているが，短期の出水についてはどうだろうか。風化花こう岩からなる裸地化した山腹斜面において，裸地のままの試験区と植栽された試験区（各々，幅 5 m，斜面長 20 m，傾斜 35°）を設け，各斜面試験区からの流出量を測定し比較した結果を図 9.3 に示す。17 時間で 127 mm の降雨が生じたときのハイドログラフを比較したこの結果をみると，植栽試験区では裸地試験区に比べ出水時の流量が少なく，反対に降雨終了後の流量は，植栽試験区の方が若干多くなる。すなわち，植栽が出水の程度を緩和し，渇水流量を維持する効果をもつことが示唆される。

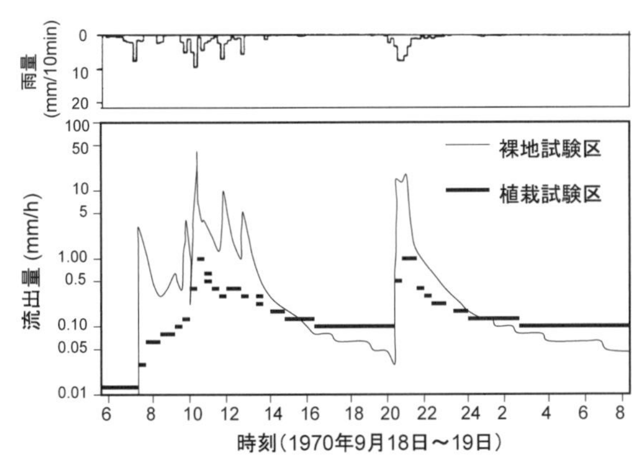

図 9.3　植栽試験区と裸地試験区における降雨時（127mm）のハイドログラフ
（福嶌，1981 をもとに鈴木，1983 が作成）

(2) 森林と草原の蒸発散の違い

森林を伐採すると流出量が増加するのはなぜだろうか。式 8.3 によれば，降水量 P が森林伐採前後で変わらないとすると，流域の貯留量変化 dS/dt または蒸発散量 Et が変化したことが流出量 R を変えた原因と考えられる。年流出量を考える場合，dS/dt は無視しうると仮定できよう。そこで蒸発散量 Et の差異を検討してみる。図 9.4 は，隣接した草原とアカマツ林での蒸発散量の違いを季節変化として示している。秋から春にかけての草原が枯れている状態では，アカマツ林では草原の 2 倍近く蒸発により水が失われる。夏期でも 50％ほどアカマツ林の蒸発量が多い。このことが，森林を伐採すると流出量が増加する主要因である。では，森林と草原で蒸発散量が異なるのはなぜだろうか。第 8 章で述べたように，蒸発散量の大小はさまざまな要因で決まるが，とくに蒸発に使えるエネルギーの大小の影響が大きい。式 8.5 に示されるように，正味放射量が大きいほど，地中熱流量が小さいほど，蒸発散に使えるエネルギー量は大きくなる。正味放射量から地中熱流量を差し引いた値を有効エネルギーとよぶ。図 9.5 は，アカマツ林と草原の正味放射量の違いを示す。森林が受けとる正味放射量は草原より 10 ～ 50％程度多い。地表面に入ってくる放射エネルギー量は森林でも草原でも同じなので，この違いは出ていく放射エネルギー量の差異によりもたらされたものである。一方，地中熱流量は森林で少なく草原で多い（図 9.6）。

このように，蒸発散に使える有効エネルギー量は，森林の方が草原より常に大きい。では，この有効エネルギー量の顕熱と潜熱フラックスの分配の様子はどうだろうか？　両者の比率を表すボーエン比を用いて，調べてみよう。

図 9.7 はアカマツ林と草地のボーエン比の季節変化を示す。ほぼ年間を通して，アカマツ林のボーエン比が小さい。すなわち，有効エネルギーが同じだったとしても，アカマツ林の方が蒸発散量は

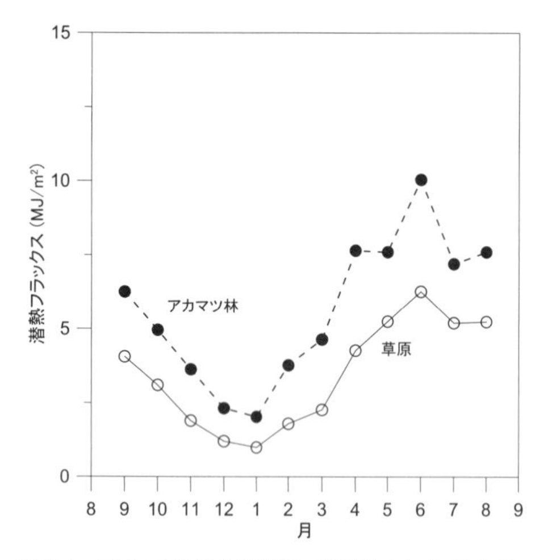

図 9.4　アカマツ林と牧草地で測定された日中の蒸発量の比較

蒸発量（エネルギー換算量）は日中の積算値として表現してある．また，日中とは正味放射量が正である時間帯として月ごとに定めてある．

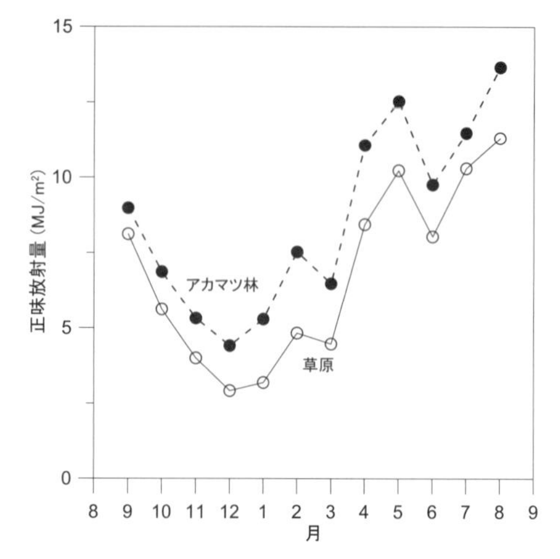

図 9.5　アカマツ林と草地の日中の積算値として表した正味放射量の比較

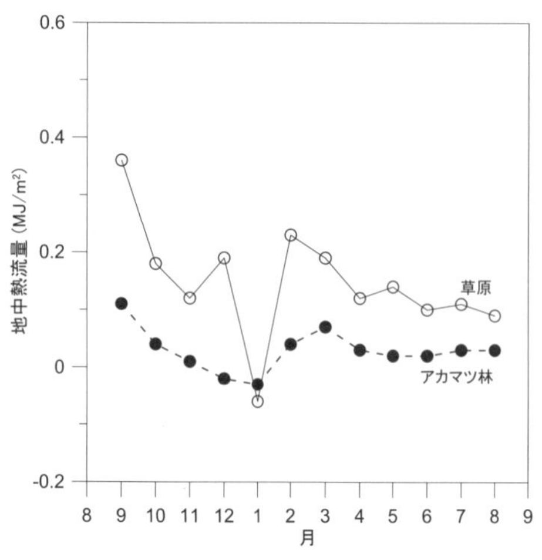

図 9.6　アカマツ林と草地の日中の積算値として表した地中熱流量の比較

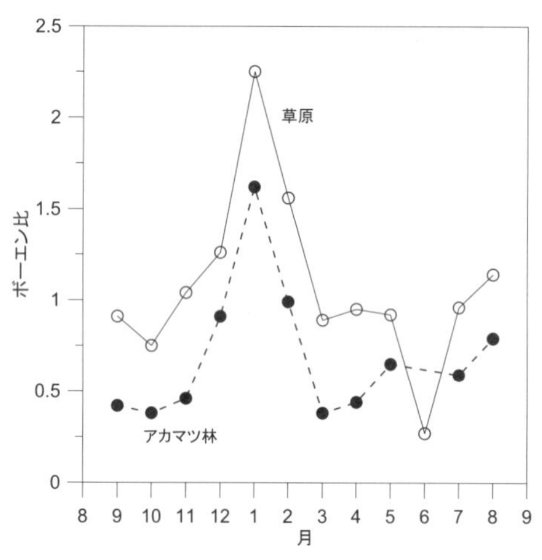

図 9.7　アカマツ林と草地で測定された日中の平均ボーエン比の比較

大きくなる。このように，一般的に森林の方が蒸発に利用できるエネルギー量が多く，そしてそのエネルギーがより高い割合で蒸発に使われるため，森林流域から多くの蒸発を引き起こされ，流出量が少なくなるのである。

(3) 森林の荒廃が浸透・流出に及ぼす影響

森林は，緑のダムとたとえられるように，水を浸透させ，洪水を軽減する効果があるといわれる。しかし近年，材価の低迷により，とくに 1950 ～ 60 年代に植栽された人工林では，間伐などの手入れが行き届かなくなっている。そうした人工林，とくにヒノキ林においては，ヒノキが密集して生育するために，林内は非常に暗く，天然林にみられるような下草（下層植生）もほとんど失われ，落葉や有機物に富む土壌も消失する。

図 9.8 は，三重県鈴鹿山地における，手入れがほとんど行われていないヒノキ林の例である。このような林地では，表層の森林土壌はすっかり失われ，砂漠のような光景が森林の中に展開してい

図 9.8　荒廃したヒノキ人工林（三重県鈴鹿市）

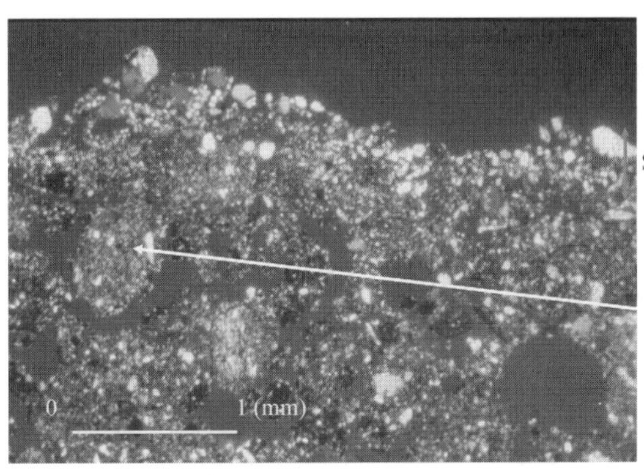

図 9.9　実験室で形成された土壌クラスト

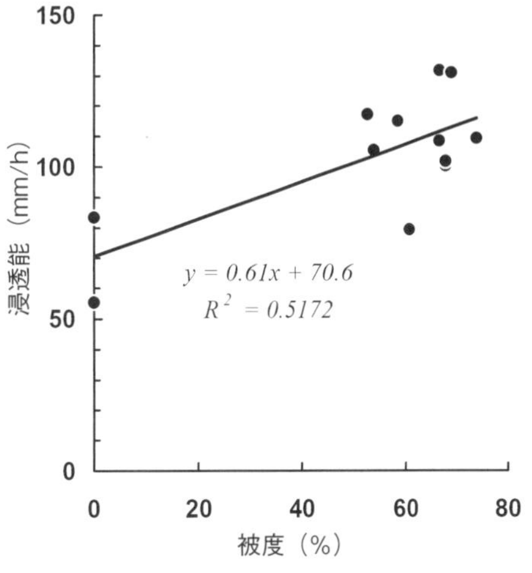

図 9.10　人工降雨条件を与えた場合の表面被度と浸透能との関係

る。また，樹冠で雨滴がトラップされて雨滴のサイズが増加するため，雨滴エネルギーが増加する。森林土壌が，落葉や低木などの植生に覆われることなく露出すると，**雨粒衝撃**（raindrop impact）によって，土壌表面に大きな変化が起こる。それが，**土壌クラスト**（soil crust）といわれる状態である。

図 9.9 は，土壌クラストの断面の偏光顕微鏡写真である。このクラストは，三重県のヒノキ林で採取した花こう岩質の土壌を用いて，30 分間の人工降雨を 5 回繰り返し行った結果，生成された。土壌の表面付近をよくみると，薄い細粒物質の集積層（約 0.2 mm）が形成されている（図の S 付近）。この皮膜により，水の地中への浸透が妨げられて，浸透能が劇的に低下する。土壌クラストの形成は，下層の植生や落葉などの表面被覆があれば防ぐことができる。図 9.10 は，28.5 cm × 17 cm の土層表面に落葉や植物などの被覆を与え，図 9.9 と同様な人工降雨実験を行った結果である。図から，被度（地表面が被覆されている割合）が増加するにつれ，浸透能が上昇する傾向が認められる。

三重県の表面被覆がほとんどないヒノキ人工林において，樹冠上から大規模な散水実験を行ったところ，30 mm/h 未満の浸透能が得られた。これは，豪雨の際，表面流が発生するに十分な低い値である。このような，間伐などの施業が十分に行われていないヒノキ林も，水資源涵養のための保安林に指定されている場合が多い。しかし，施業不足のヒノキ林地では，豪雨時には表面流が発生するために，下流においては洪水や濁水による生態系への影響が懸念される。それどころか，森林であるために蒸散が大きく，水資源涵養の役割を果たしていない可能性も高い。間伐などの森林施業が早急に望まれる。

第10章　人間活動が水環境を変える：水質形成と汚染

地球上を覆っている水は，ありふれた物質と思われているが，非常に特異な性質をもった物質である。地球が水の惑星とよばれるのは，液体としての水が多量に存在し，この水が高い融点（0℃）と沸点（100℃），大きい熱容量・融解熱・気化熱・溶解性，そして液体の密度（3.98℃で最大）が固体の密度よりも大きい，といった特性をもっていることによる。第8章で述べてきたように，水が地球上を循環し，流動している間に周辺の環境と作用しあい，いろいろな物質や熱などを取り込み，輸送している。したがって，**水質**は水循環と地域の条件（気候，地質など），そして人間の活動を反映していることになる（図10.1）。本章では，自然界の水質の形成と特徴，そして人間活動に起因する水質汚染（水質汚濁）について解説する。

(1) 水質の表示方法

水質とは，水に含まれるさまざまな物質の濃度を指すことが多いが，水温や透明度などの物理的性状や電気伝導度などの間接的指標も水質項目であり，その内容はきわめて多岐にわたる。一般に濃度は，水1Lあたりに含まれる成分の重量で表示され，単位としてmg/Lが使用されることが多い。すなわち，このオーダーの濃度が自然界では一般である。もちろん，場合によっては，g/L，μg/L，pg/Lなどが使用される。重量単位のほかに当量単位（me/L）が用いられることもある。当量（me）とは，溶存成分（mg）を（原子量・分子量・式量/価数）で除したものであり，電荷を考慮してイオンのバランスをみるうえで都合がよい。以下に説明するヘキサダイアグラムとキーダイアグラム（図10.2）は，当量単位を使用した水質表示の典型例である。

ヘキサダイアグラムでは，図10.2の左上の凡例のように，左側に陽イオン，右側に陰イオンの当量濃度を示し，形と大きさにより，水質の特徴を示す。ヘキサダイアグラムは，水試料一つ一つの組成を視覚的に捉えやすい利点があるが，大量

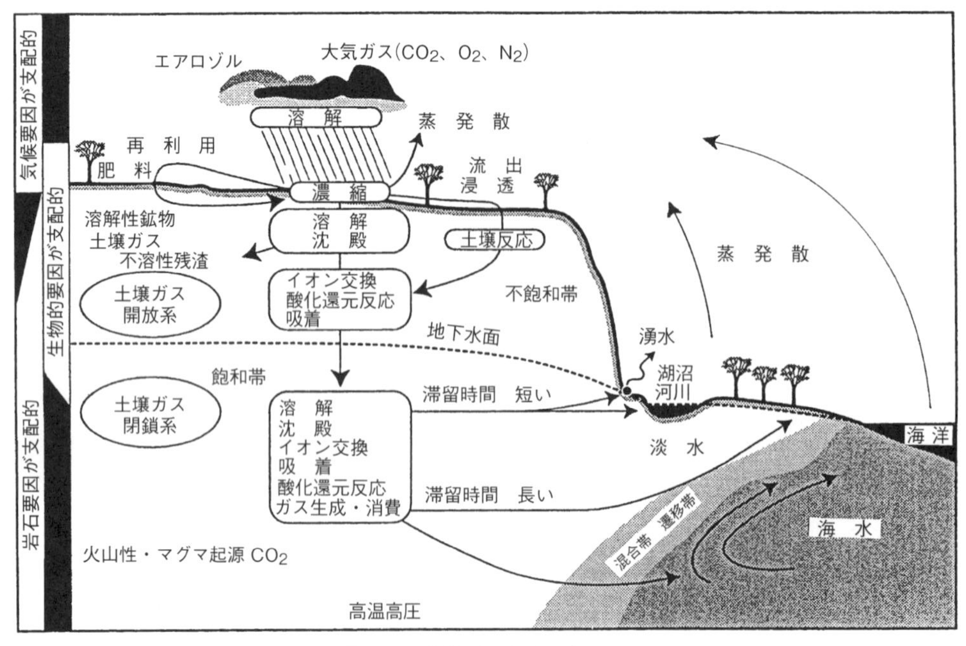

図10.1　水循環と水質形成要因

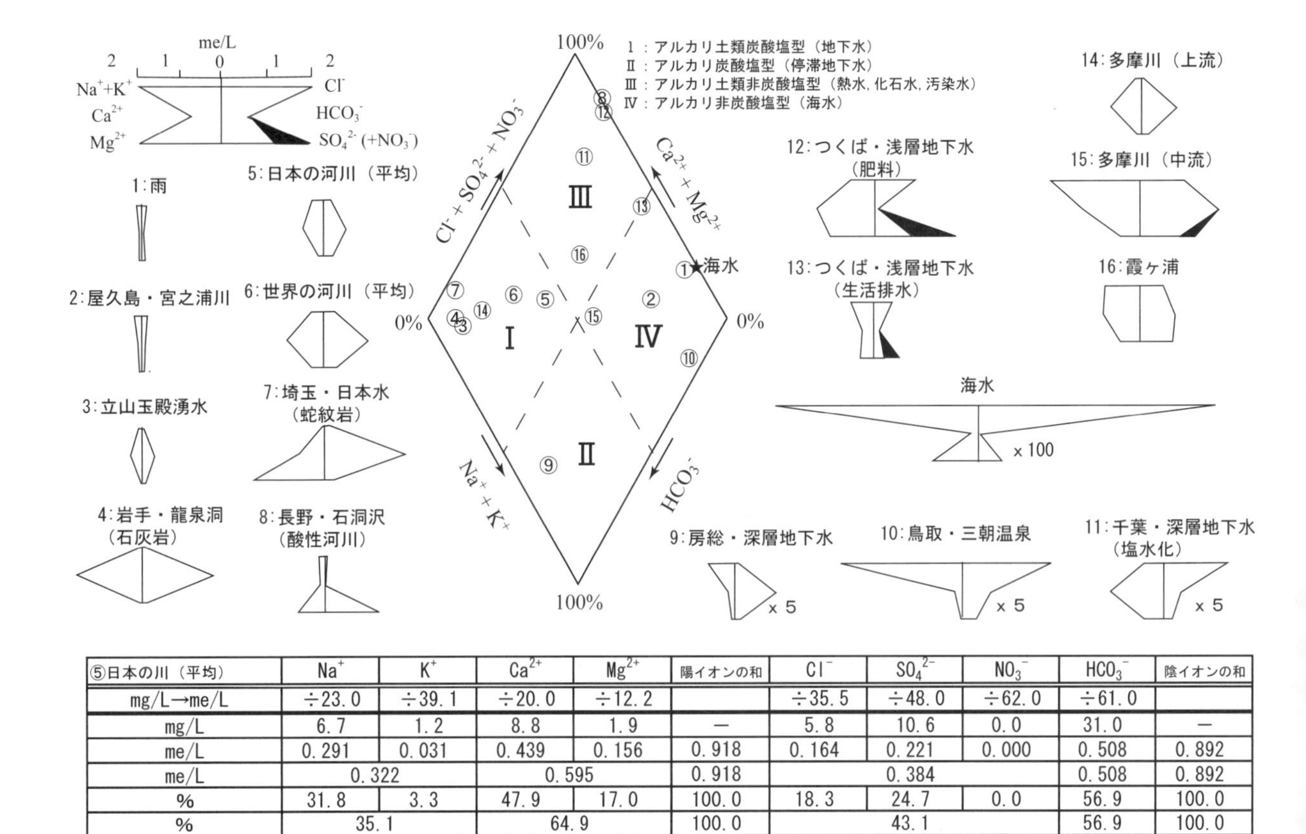

⑤日本の川（平均）	Na^+	K^+	Ca^{2+}	Mg^{2+}	陽イオンの和	Cl^-	SO_4^{2-}	NO_3^-	HCO_3^-	陰イオンの和
mg/L→me/L	÷23.0	÷39.1	÷20.0	÷12.2		÷35.5	÷48.0	÷62.0	÷61.0	
mg/L	6.7	1.2	8.8	1.9	―	5.8	10.6	0.0	31.0	―
me/L	0.291	0.031	0.439	0.156	0.918	0.164	0.221	0.000	0.508	0.892
me/L	0.322		0.595		0.918	0.384			0.508	0.892
%	31.8	3.3	47.9	17.0	100.0	18.3	24.7	0.0	56.9	100.0
%	35.1		64.9		100.0	43.1			56.9	100.0

図 10.2　環境を反映した水質：ヘキサダイアグラム，キーダイアグラムと計算例

のサンプルを図示すると煩雑になる欠点がある。図 10.2 中央のキーダイアグラムは，陽イオンを（$Na^+ + K^+$）と（$Ca^{2+} + Mg^{2+}$）に，陰イオンを HCO_3^- と（$Cl^- + SO_4^{2-} + NO_3^-$）にグループ分けし，両者の組成（%）を菱形の座標軸上で表示する。濃度を直接には表示しないが，成分組成により水質の特徴を示すことができ，とくに大量のサンプルを図示して分布傾向を把握したり，類型化したりする際に有用である。図 10.2 には，日本の河川（図中 5）を例に成分組成の計算の仕方も示してある。どちらのダイアグラムにおいても Na^+，K^+，Ca^{2+}，Mg^{2+}，HCO_3^-，Cl^-，SO_4^{2-}，および NO_3^- が使用されるのは，これらが後述するプロセスにより陸水の主要なイオンとなるためである。ただし，イオンではないが珪酸 SiO_2 も主要な**溶存物質**の一つである。

(2) 水質の形成と進化

降水（雨，雪など）は水蒸気が凝結したものなので，本来は純水に近いはずだが，凝結の核となるエアロゾルにより水質組成が特徴づけられる。沿岸地域では，風送塩が凝結核となり，Na^+ や Cl^- を溶存するため組成としては海水に近い（図 10.2 の 1）。また，工場や車からの排ガスなどに含まれる硫黄酸化物（SO_X）や窒素酸化物（NO_X）が，酸性雨中の SO_4^{2-} や NO_3^- を供給する。

自然状態の降雨の pH は，中性ではなく，弱酸性を示す。これは大気中に約 400 ppm 存在する CO_2 が降雨中に溶解しているためである。この溶存 CO_2 を含んだ水が，土壌や岩石を溶解（風化）させ，陸水の水質を形成するうえで重要なはたらきをする。なお，溶存 O_2 も酸化反応を進めるため，水質を形成する重要な要因である。

地表面に落下した降水は，植被や土壌・岩石に接触する。植被に沈着した乾性降下物や生体物質を洗い出す。地表面では，蒸発による成分の濃縮，析出も起こり，乾燥～半乾燥地域などでは，水質形成の重要因子となる。

土壌では，微生物の活動が活発であり，有機物の分解，NH_4^+ の硝化，NO_3^- の脱窒，硫黄の酸化，SO_4^{2-} の還元，鉄やマンガンの酸化・還元など，それぞれに適した条件下で起こる。これらは見方を変えるとすべて微生物が関与している酸化還元反応である。

土壌に浸透した水は，高濃度の CO_2 からなる土壌ガスと反応して，より多くの CO_2 を含むことになり，土壌・岩石（鉱物）との反応が進む（第11章参照）。図10.2の2のように，接触時間の短い源流部などでは溶存物質は少ない。鉱物が溶解すると，地中水の化学成分の濃度が上昇し，沈殿が起こることがある。

岩石・鉱物の種類により，溶解して，生成される成分が異なる。玄武岩や花こう岩などを構成する珪酸塩鉱物の代表である長石には，Ca長石，Na長石，K長石があり，この順番で風化が起こりやすいので，雨と岩石の接触で最初に形成される水質のタイプは $Ca-HCO_3$ 型（アルカリ土類炭酸塩型）である（図10.2の3）。珪酸塩鉱物の風化の結果，Ca^{2+}，K^+，Na^+ などの陽イオン，重炭酸イオン，そして粘土鉱物（二次鉱物）と SiO_2 が生成する。

また，方解石など炭酸塩鉱物からできている石灰岩や大理石が CO_2 を含んだ雨に溶解すると，Ca^{2+} と HCO_3^- が生成する（図10.2の4）。日本では，石灰石は唯一の自給できる鉱物資源であるが，水体での Ca^{2+} の濃度は高くない（図10.2の5）。一方，石灰岩・苦灰岩や大理石が広く分布するヨーロッパでは Ca^{2+} や Mg^{2+} の濃度が高い地下水や河川水が多い（図10.2の6）。フランスなどから輸入されているミネラルウォーターには，この Ca^{2+} や Mg^{2+} に富む硬水が多い。

この他，輝石やかんらん石などの有色鉱物からはMgやFeが供給され（図10.2の7），硫化鉄を含む岩石からは，酸化により SO_4^{2-} が溶出するとともに酸性化が進行する（図10.2の8）。

地下水では，土壌や岩石との接触時間が長くなるので，帯水層の地質を反映し，溶存成分濃度は高くなる。**不飽和帯**（土壌水）でも起こっているイオン交換や酸化還元反応は**飽和帯**（地下水）でも進行する。イオン交換は粘土鉱物などに吸着している陽イオンが水中の陽イオンと交換する反応で，$H^+ > Ca^{2+} > Mg^{2+} > K^+ > Na^+$ の順に吸着されやすく，逆の順でイオン化しやすい。つまり，Na^+ は最もイオン化しやすく，地下水では時間とともに増加する方向に向かう。逆に，H^+ は土壌に吸着されやすいが，土壌に吸着する容量（酸緩衝能）がなくなると溶脱し，湖沼などの酸性化を引き起こす原因となる。

深層の地下水では，有機物の酸化に酸素が消費されるなどし，還元的な状況となり，NO_3^- や SO_4^{2-} が消失していく。Cl^- 濃度が低い場合は，$Na-HCO_3$ 型（アルカリ炭酸塩型）の水質が優勢になってくる（図10.2の9）。さらに時間が経過し，とくに堆積盆などでは $Na-Cl$ 型（アルカリ非炭酸塩型）になる。これを地下水の**水質進化**とよんでいる。

火山活動などに関連して特異な成分をもった温泉や鉱泉，あるいは海水なども陸水の水質に変化をもたらす（図10.2の10，11）。

主要イオンに加えられるようになった NO_3^- は基本的に人為起源である。肥料，家畜排せつ物，生活排水がおもな汚染源である（図10.2の12，13）。

河川水は，上流域に降った降水を集めたもので，それが滞留時間の長い地下水と混合したものである。したがって，流域全体の状況を反映した水質を示す。一般に，上流では溶存物質が少なく，流下とともに地下水成分が増加し，人間活動の影響も受け，溶存物質の量や濃度が上昇する（図10.2

の 14, 15)。降雨時には雨による希釈効果を受け，濃度が低下する成分が多い。

湖沼は河川と比べ，水の滞留性が高く（表 8.1)，その水質は流入してくる河川や地下水の水質のみならず，生物の活動，水温や化学成分の鉛直構造，底質・底泥，あるいは海岸付近では潮汐・海水とも密接に関係する。湖沼は，内海，内湾などとともに閉鎖性水域をなすことが多く，次節で述べる人間活動の影響を受けやすい（図 10.2 の 16)。

(3) 水質汚染

自然界では湖沼や河川下流部へ土砂とともに栄養塩類が運搬され，生態系を変化させていく。栄養塩類が豊富で，溶存有機物が増えていく変化を富栄養化という。近年は人為的影響によりこの富栄養化が急速に進行し，それによって引き起こされるアオコや赤潮などの発生が大きな問題となっている。栄養塩類（とくに窒素とリン）や有機物による水質汚染は，1960 ～ 70 年代には工場・事業所などの特定汚染源（ポイントソース）によるものが主であったが，現在では非特定汚染源（ノンポイントソース）である生活排水や農地に散布される肥料などが大きな原因となっている。有機物の汚染指標としては，生物学的酸素要求量 BOD（水中の有機物を微生物が分解するときに消費する酸素量)，化学的酸素要求量 COD（水中の有機物を化学薬品により酸化分解するときに消費する酸素量)，全有機炭素量 TOC などがある。生活排水に含まれる有機物の多くは下水処理場や合併浄化槽で分解・除去されるが，完全に除去されるわけではない。また，無機イオン化している窒素やリンの除去効率は必ずしも高くなく，肥料由来のものはそもそも処理されない。NO_3^- による地下水汚染は健康被害をもたらす危険性があり，富栄養化の問題とは別に，茶・野菜・果樹などの栽培地や畜産・養豚地域などで深刻な問題となっている。

重金属や有害化学物質による汚染は，人間の健康などに直接影響を及ぼす危険性がある。生命に有害な物質は，自然界にも多く存在する。生命に必須のマンガン・ほう素・鉄・亜鉛・銅・モリブデンなどの微量要素にも，多量になると有害になるものがある。鉱床，火山・温泉地帯などでは，重金属などによる汚染，酸性化などが発生している。また，バングラデシュなどで問題となっている地下水の砒素汚染は，堆積岩中に含まれている砒素（硫砒鉄鉱）が，揚水により酸化還元状態が変化し，溶出することが一因となっている。

有害性が高い重金属類は，イオン形態，価数，酸化還元状態，pH などによって挙動が異なってくる。一般に陽イオンとなっている場合は，土壌に吸着されやすく，溶解度も低いので，水とともに拡散していくことは少ないが，CrO_4^{2-} や CN^- などは地下水中でも移動する。水俣湾や阿賀野川の有機水銀汚染（水俣病)，神通川のカドミウム汚染（イタイイタイ病)，渡良瀬川の重金属汚染などの重大な公害問題に加えて，メッキ廃水中のシアンや六価クロム，さらに鉛，砒素なども問題となっている。

有害化学物質には，製品として生産されたもの（トリクロロエチレン，ベンゼン，農薬など)，製品に副生成物または不純物として含まれるもの（農薬製造にともなうダイオキシンなど)，生産工程や焼却にともなって発生したもの（焼却にともなうダイオキシンや塩素消毒にともなうトリハロメタンなど）などがあり，大量に生産・使用されている。そして，意図的・非意図的に環境へ放出され，結果として河川，湖沼，地下水，海洋が汚染されている。

第Ⅳ部　地形システム

第11章　地形は変化する（1）：風 化

（1）風化作用の役割と種類

地形は，火山活動や地殻変動などの内的営力によって形成される一方, 地形構成物質（岩石や土）に**外的営力**（風・流水・氷河・波など）が作用することによっても変化する。その一連の変化プロセスは，**風化**（weathering）・**侵食**（erosion）・**運搬**（transport）・**堆積**（sedimentation）として整理される。

硬い岩盤（たとえば花こう岩）に外的営力が作用しても，その（岩盤のつくる）地形は変化しない。しかし硬い花こう岩も, 長時間の「風化作用」を受けると砂（マサあるいはマサ土）に変化する。したがって花こう岩からなる山地では，その表層にはマサ土層が存在し，豪雨によって起こる崩壊によって地形が変化している。このように，「風化作用」は，侵食・運搬作用の準備段階として重要な役割を果たしており，地形形成や地形変化を理解するうえでも重要である。

また，風化の結果，岩石は徐々に礫，砂，シルト，粘土と細片化していき，最終的には土壌化することから，風化は土壌の形成という意味でも重要である。

風化作用は，**物理的風化**作用と**化学的風化**作用に分類される。物理的風化は，除荷作用，日射風化（熱風化），乾湿風化，塩類風化，凍結風化などに細分され，それらの風化の結果，岩石は**破砕**（disintegration）する。このような物理的風化は岩石中の化学的変質を伴わないが，化学的風化は，水和作用，加水分解，溶解，酸化などによって岩石の化学的性質を変化させる。この作用による岩石の変化は**分解**（decomposition）とよばれている。化学的風化は，基本的には岩石と水との反応であるので，物質の収支を考えると，分解によって残されたものと, 岩石からの**溶脱**（leaching）によって岩石の系から外部に運搬されるものの両者を考慮しなければならない。

生物が風化に関与することもあるが，これらの風化は物理的風化（たとえば，木の根の成長が岩石を割る作用）か，化学的風化（たとえばバクテリアが岩石を溶かす作用）のどちらかに分類される。

野外においては，物理的風化と化学的風化が同時に起こっていることが多く，それらの関与の比率を分離することはむずかしい。

（2）物理的風化作用

除荷作用：荷重が取り去られたために生ずる風化。たとえば，花こう岩ドームの表面にみられるシーティング節理（図 11.1 にみられる岩盤の層状の剥離）や，氷食谷において谷氷河が後退することにより岩盤表層に地表に平行なシーティング節理が形成されるのは，この作用によると考えられている。

日射風化：日射による加熱がもたらす膨張と，放射冷却がもたらす収縮が繰り返すことによって岩石が破砕されること。熱風化ともいう。

乾湿風化：おもに泥岩・頁岩等は，吸水による膨張と乾燥（脱水）による収縮を繰り返すことにより細片化される（図 11.2）。スレーキングともいう。岩石中に含まれる粘土鉱物としてモンモリロナイト（スメクタイト）の含有量が多いと，その吸水による膨潤圧が大きいという性質のため,

図 11.1　花こう岩ドームに発達するシーティング節理
（韓国，ソウル郊外の北漢山）

図 11.2　泥岩の乾湿風化（スレーキング）による細片化
（群馬県富岡市，井戸沢層）

より乾湿風化が速いと考えられている。

塩類風化：塩類によって岩石が細片化する作用をいう（図 11.3）。岩石破壊の主要なメカニズムとしては，①岩石中に形成された塩類の熱膨張による圧力，②塩類の水和作用によって生じる圧力，③溶液から塩類が結晶成長するときに生ずる圧力，の 3 つが考えられている。なかでも③が最も重要なものであろう。

凍結風化：岩石が凍結により破砕すること。水は凍結して氷になると体積の 9% が膨張する。この膨張圧が岩石を破壊すると考えられているが，凍結時の水分移動によって氷が集積し，岩石の空隙や割れ目を押し広げることがより重要であると考えられている。

以上のように，物理的風化は，作用の繰り返しにより岩石が徐々に破砕されることから，一種の疲労破壊と考えられる。

図 11.3　大谷石（凝灰岩）の塩類風化実験
硫酸ナトリウム（上），硫酸マグネシウム（下）の水溶液の毛管上昇によって塩類が析出し，破砕が進行する．

(3) 化学的風化作用

炭酸塩化・溶解：多くの鉱物は水に溶解するが，この溶解は他のプロセス，たとえば炭酸塩と結合することによって助長される。石灰岩の上に硫酸を垂らすと，泡をたてながら岩石が溶けていくという例で，それを確かめることができる。降雨（弱酸性の水）が石灰岩にあたると，石灰岩の鉱物（カルサイト，ドロマイト）を炭酸化し，重炭酸にする。それらは水に溶けるので，石灰岩は効果的に溶解する。

このように，石灰岩は最も化学的風化が速い（溶解しやすい）岩石である。たとえば，同体積の多種類の岩石を蒸留水と反応させる実験を行うと，石灰岩の溶解量が最も大きい。また，水の pH がより低ければ（より酸性であれば），あるいは，二酸化炭素がより多く含まれていれば，石灰岩の溶解量はさらに大きくなる。最近の酸性雨によって風化速度が加速しているのはこのためである。また温度上昇にともない二酸化炭素濃度が高くなれば，溶解量は多くなる。

加水分解：水の水素イオンと鉱物中のナトリウムイオンやカリウムイオンとのイオン交換が行われる作用である。たとえば，正長石がカオリナイトになる反応も，この加水分解である。この作用によって，花こう岩はマサ化し脆弱となる。

水　和：鉱物等に水が吸着され，これによって体積が膨張する現象で，加水分解より破壊力が小さい。この繰り返しによって徐々に岩石を弱くする。他に，黒曜石の表面に水和層をつくる作用でもある。

酸　化：酸化は風化の最も普通のプロセスの1つである。たとえば鉄は酸化された水酸化鉄の水和物となり，特徴的な赤色を呈し，硫化物は酸化して硫酸塩となる。これとは逆に，たとえば赤色や黄色の酸化鉄が湛水下の嫌気的な環境下で緑色や灰色に変化するのが還元である。

このように，化学的風化はおもに岩石と水または空気（酸素・二酸化炭素）との反応であるので，これらの作用は別々に起こるわけではなく，一般には複合して起こっている。同時に起こることもあれば，1つのプロセスの結果がその後に起こる他のプロセスを起こりやすくすることもある。

(4) 風化がつくる地形の例

乾湿風化がつくる波食棚上の微起伏：鬼の洗濯板

三浦半島の荒崎や宮崎の青島では波食棚が形成され，その波食棚上は通称「鬼の洗濯板」とよばれる波状岩によって構成されている。荒崎においては，凸部が凝灰岩，凹部が泥岩からなっている。一方，青島においては，凸部が砂岩，凹部が泥岩からなっている（図11.4）。岩石の強度を調べてみると，荒崎の凸部を形成する凝灰岩は凹部を形成する泥岩より強度が小さく，そのため凹凸は岩石強度からは説明できない。波食棚上の凹凸は，潮間帯にある泥岩が，潮の干満の繰り返しによる乾湿風化で細片化し，それを波が運搬・除去する結果形成されたものである。凸部をつくる凝灰岩や砂岩には乾湿風化は起こりにくい。

図11.4　波食棚上の微起伏
凸部は砂岩，凹部は泥岩からなる．泥岩がスレーキングで細片化しており，これらは波により運搬・除去（侵食）される．（宮崎県青島）

塩類風化によるタフォニの形成

岩石海岸や乾燥した内陸部の岩盤表面には，タフォニとよばれる蜂の巣状のくぼみがみられることが多い（図11.5）。このタフォニは，塩類風化が数百年，数千年という長時間作用した結果，形成されたと考えられている。岩石海岸のタフォニの形成に関与する塩の供給源は海水飛沫である。海に面する崖に取り込まれた海水飛沫が乾燥することにより塩が結晶化する。

図11.5　砂岩からなる海岸でみられるタフォニ
（高知県竜串）

石灰岩の溶解によるカルスト地形の形成

石灰岩の**溶食**によって形成される鍾乳洞やドリーネ（溶食凹地）などの地形を，**カルスト地形**と総称する。たとえば図 11.6 は中国の桂林に見られる円錐カルスト（タワーカルスト）である。このような周囲が溶食されてできた残丘地形の形成要因としては，①高温で雨量が多い，②隆起が大きく溶食の進行を促進させた，③岩質が溶けやすい，などが考えられている。

図 11.6　石灰岩の溶解によって形成された円錐カルスト（タワーカルスト）　（中国・桂林）

第 12 章　地形は変化する（2）：侵食・マスムーブメント

(1) 侵食

山地や丘陵地は大小さまざまな谷によって刻まれている。これらの谷は，山地や丘陵地を構成している土壌や岩石が流体の作用によって除去，すなわち侵食されることにより形成されたものである。侵食プロセスは環境条件によって異なっており，とくに斜面での水の動きと密接に関係している。

植生や土壌がほとんどなく斜面表層の浸透能が降雨強度よりも低い場合，雨水は斜面内部にしみこむことができないため，地表流（ホートン地表流）が発生する。斜面表層にある土の粒子は地表流により徐々に侵食・運搬される。斜面の下部や凹部では斜面の上部からの流れが集まってくるため，地表流の水深が増加する。地表流の水深が深くなり強い侵食作用がはたらくと，小さな溝状の谷地形，**リル**（rill）が発生する。リルの下流では，他の斜面やリルから地表流が集まってくるため，さらに水深が増加し侵食量も大きくなる。リルが急傾斜な側壁斜面をもつまで発達すると，**ガリー**（gully）とよばれる。リルやガリーは半乾燥地域の斜面（図 12.1），あるいは火山活動や人間活動によって荒廃した斜面で発達しやすい。

日本の山地のように森林に覆われた急斜面の谷地形は，別のメカニズムで形成されることが多い。なぜなら森林斜面の表層には浸透能の高い土壌が発達しており，第 8 章で述べたようにホートン地表流はまれにしか発生しないからである。浸透能の高い土壌の下部には，基盤岩がある。この基盤岩の透水性が低い場合は，強い降雨の際に基盤岩に浸透できない地中水が増え，土壌中に地下水面が形成される。土壌中の地下水面が上昇すると，間隙水圧の作用により摩擦力が低下する。地下水面がさらに上昇し摩擦力が土壌にかかるせん断応力より小さくなると，厚さ 1 ～ 2 m 程度の

図 12.1　半乾燥地域の斜面にひだをつくるリル（スペイン北部ナバーラ地方）

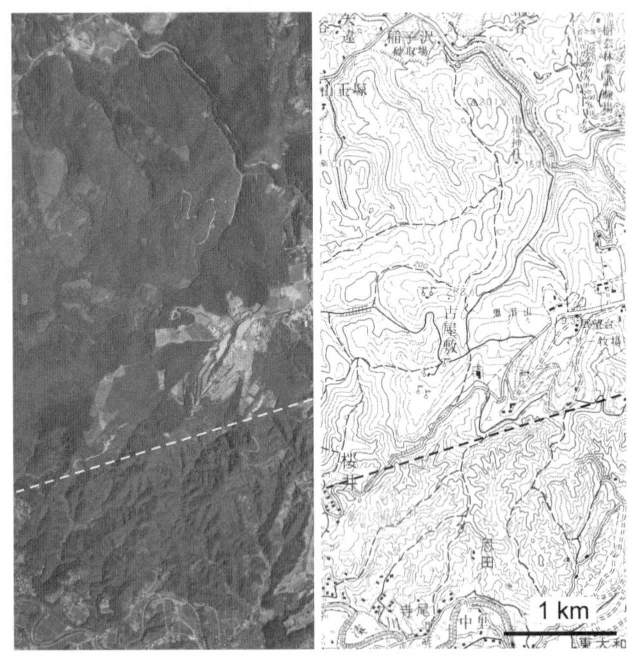

図 12.2　千葉県房総半島・鹿野山周辺の地形
左側は空中写真，右側は同じ範囲の国土地理院 5 万分の 1 地形図「富津」の一部である．

土壌部分が下方へ滑りだす。この現象を**表層崩壊**(shallow landslide)とよぶ。表層崩壊が発生すると，その部分の土壌が失われるため，基盤岩が露出した谷型の地形が形成される。

図 12.2 は千葉県鹿野山の周辺の空中写真と地形図である。点線の南側の地質は低透水性（10^{-3} cm/s 以下）の泥岩であり，土壌中に地下水面が生じやすい。その結果，表層崩壊により無数の谷が形成されている。実際，1989 年の豪雨の際，泥岩の山地では表層崩壊が多数発生した。一方，北側の地質は高透水性（10^{-3} cm/s 以上）の砂層である。一般に集中豪雨とよばれるような降雨強度が 30 mm/h の降雨でも砂層中を浸透することが可能であり，土壌中に地下水面が生じにくい。侵食されやすい場所は，基盤岩中の地下水流が集中する湧水付近に限られている。このように斜面侵食プロセスは，気候条件と地質条件によって異なるため，谷の分布パターンも多様である。

(2) マスムーブメント

河川の侵食作用（下刻）により谷が深く，大きく発達すると，その両岸には急な斜面が形成される。斜面では，重力により土壌や岩石・岩盤がまとまって下方へ移動することがあり，それらの現象はマスムーブメント（mass movements）と呼ばれる。ここで mass は「集団」，すなわち土壌や岩石・岩盤の集合体の意味である。マスムーブメントによる土壌や岩石・岩盤の移動様式は**滑動**（slide），**崩落**（fall），**匍行**（creep），**流動**（flow）の 4 種類に分類される。本節では，滑動と崩落について紹介する。

滑動は地中に形成されたすべり面上の土壌や岩石・岩盤が下方へ移動する現象である。前述した表層崩壊は滑動の 1 つである。同じく滑動の 1 つである**地すべり**は風化物質が粘土を多く含む条件で発生しやすい（図 12.3）。すべり面の深さは数 m ～ 100 m 程度である。地すべりの移動土塊には，移動にともなう多数の小崖や凹地が形成されており，その背後には大きな崖（滑落崖）がある。地すべりの移動速度は前述の表層崩壊に比べると遅いが，徐々に加速して，最終的に斜面全体が崩壊する場合がある。地すべりが発生した斜面は上述の形態的な特徴により判別され，地すべり地形が数多くみられる山地では，今後も地すべり災害が

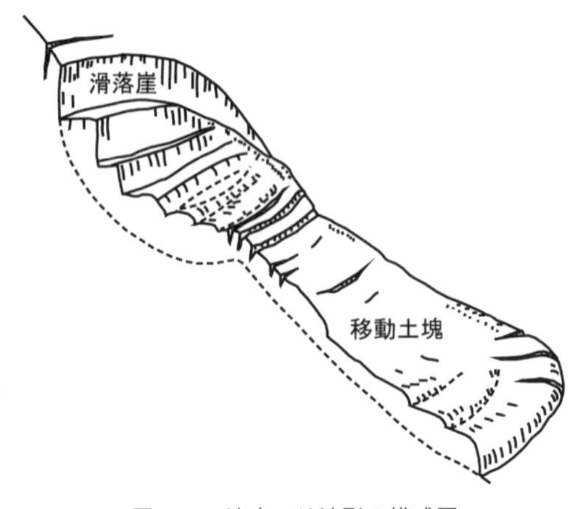

図 12.3　地すべり地形の模式図
地すべりが発生すると滑落崖が生じて，その直下の斜面が変形する．一部は移動土塊となって斜面下部で堆積する．（大八木，1982 を一部省略）

図 12.4　岩壁の直下に発達する崖錐（イタリア・ドロミテ）

発生する危険性が高い。

崩落は，崖から岩石が単発的あるいは集合的に落下する現象である。物理的風化作用がはたらくと，岩盤中に亀裂が発達する。そこが急崖であれば岩盤は不安定となり，降雨や地震などを引き金として崩落する。とくに，岩石が単体で落下する現象を落石（rockfall）とよぶ。崩落が繰り返されると，崖が後退するとともに，その直下には崩落物が堆積する。この堆積斜面は 32° ～ 35° の**安息角**（angle of repose）をもっており，**崖錐**（talus slope）とよばれる。崖錐はヨーロッパアルプス，ロッキー山脈などの急峻な山地に典型的にみられる（図 12.4）。

(3) 山地の地形発達

侵食やマスムーブメントが数千年から数万年間継続した場合，山地の地形はどのように変化するだろうか。その例として，図 12.5 に北海道の羊蹄山と利尻山の地形図を示す。両者は同規模の成層火山である。羊蹄山の等高線はほぼ円形であることから，円錐形の火山であることがわかる。一部でガリーが形成されているが，全体として谷はあまり発達していない。対照的に利尻山の等高線は複雑に入り組んでおり，山頂付近には崖が分布している。これは谷が深く発達した様子を示している。これらの火山が活発な噴火活動を起こした年代は，羊蹄山では 1 ～ 6 万年前，利尻山では 3 ～ 20 万年前とされている。したがって，火山が形成された後，侵食がはたらいた時間の長さが，谷の発達程度に影響を与えたと考えることができる。その他の火山でも，一般に噴火活動の年代が古いほど谷が多く発達している。

火山以外の山地の地形発達を考えるには，侵食だけではなく，**隆起**（uplift）も考えなければならない。19 世紀の終わりごろ，アメリカの地形学者 W. M. デービスは**侵食輪廻**（cycle of erosion）という概念モデルを提案した。このモデルでは，まず平坦な地盤（準平原）が急速に隆起して隆起準平原が形成され，次にそれが侵食されて急峻な

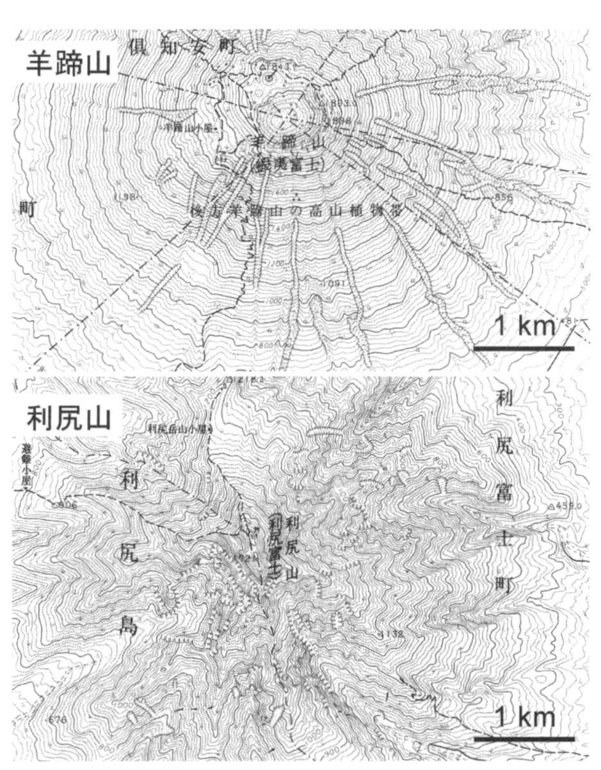

図 12.5　北海道の 2 つの成層火山（羊蹄山と利尻山）の侵食状態の比較　国土地理院発行 5 万分の 1 地形図「留寿都」「利尻島」の一部を引用．

山地となり，最後にはわずかな残丘を残して準平原に戻ると説明された。しかし，短時間の大きな隆起で隆起準平原がつくられるという仮定が成り立つ場合は限られると現在は指摘されている。

実際の山地の成り立ちを証明することは容易ではないが，近年では宇宙線生成核種を使った新しい研究手法により，過去数千年から数万年間程度の侵食速度を推定することが可能になった。宇宙線生成核種（^{10}Be など）は地表付近にある岩石・土壌の鉱物中に二次宇宙線が照射されることにより形成される。侵食速度が小さければ，地表付近で長い時間宇宙線の影響を受けるため，これらの核種の濃度が高くなる。この方法により，急峻な飛騨山脈の侵食速度は 0.2 〜 2 mm/ 年程度，緩傾斜な阿武隈高地の侵食速度は 0.05 〜 0.15 mm/ 年程度と算出された。一方，飛騨山脈の隆起速度は 1 mm/ 年程度かそれ以上であることが推定されている。多少の地域差はあるが，これらの山地は隆起と侵食が同時に生じて地形が維持されている**動的平衡**状態にあると考えられる。

第 13 章　地形は変化する（3）：運搬・堆積

(1) 岩屑とその動き

岩石の風化や侵食によって生みだされる**岩屑**（debris，または砕屑物：clastics）粒子は，水や氷，空気のはたらきによって運搬・堆積されることで，いろいろな地形をつくり，それらを変化させる。この章では，おもに流体（水や大気）の流れが起こす運搬・堆積作用について述べる。

岩屑粒子は，粒径によって礫（2 mm 以上），砂（0.06 〜 2 mm），泥（0.06 mm 未満）の 3 つに大別される。泥のうち，0.004 mm（4 μm）以上をシルト，それ未満を粘土とよぶ。岩屑のうち，何らかの堆積作用を受けたものを堆積物とよぶ。

水や大気といった流体が，植生で覆われていない未固結の岩屑に作用する場合，岩屑粒子は流速が小さいときには動かないが，流速が大きくなると移動しはじめる。これは流速が増加することで，掃流力（粒子を運ぼうとする流れの力）が粒子にはたらく抵抗力（粒子にはたらく摩擦力や粘着力の合力）を上回るためである。摩擦力は粒径や密度が大きいほど強くなる。一方，粘着力が強くはたらくのは，粒子が小さく，なおかつ粒子が水中にあるか湿っているときである。水中においては，礫は摩擦力のため，泥は粘着力のために動きにくく，砂粒子が最も小さな流速で動き始める（図 13.1）。

岩屑粒子は，流れのなかで，**浮遊**（suspension）もしくは**掃流**（traction）のいずれかの状態で

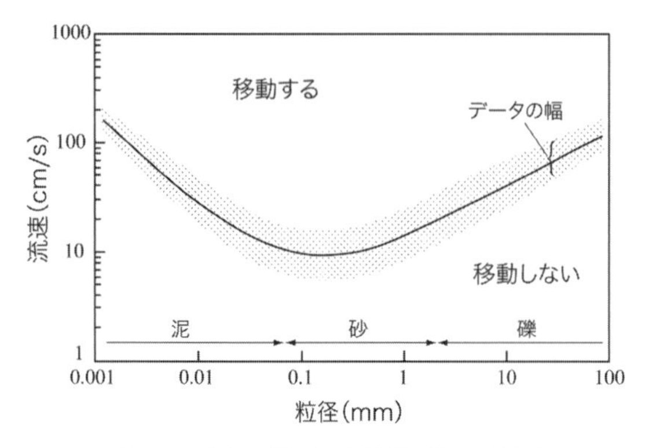

図 13.1　水中で岩屑粒子が動き始める流速

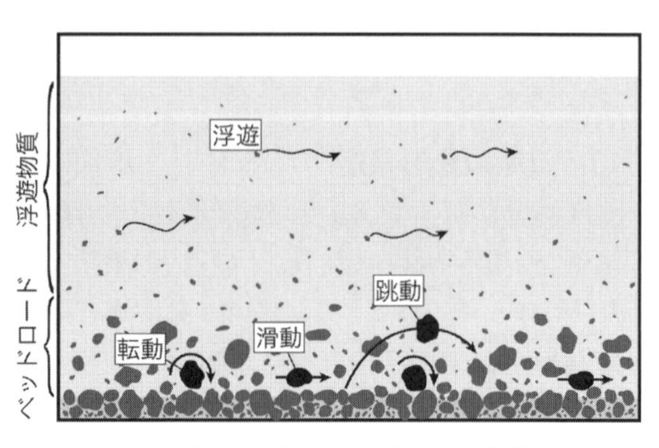

図 13.2　流水中における岩屑粒子の運搬様式

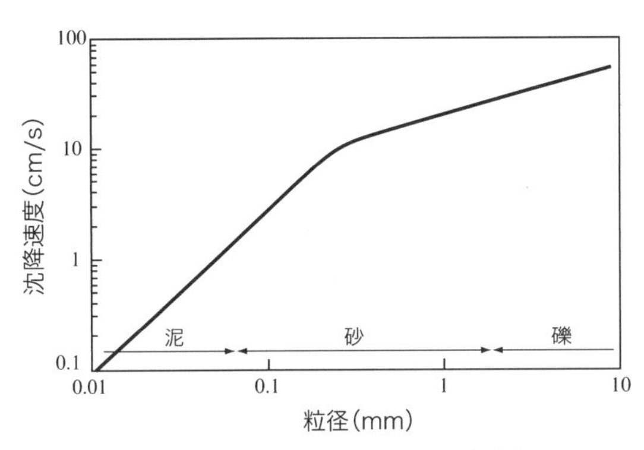

図 13.3　水中における岩屑の沈降速度

運搬される（図13.2）。浮遊状態，すなわち底面から浮いた状態で運搬される物質を**浮遊物質**（suspension load），もしくは懸濁物質とよぶ。これに対し，掃流とは，岩屑粒子が地表面近くを転がったり（**転動**：rolling），滑ったり（滑動），飛び跳ねながら（**跳動**もしくは躍動：saltation）移動する運搬様式である。掃流状態で運搬される物質を**ベッドロード**（掃流物質：bed load）とよぶ。浮遊物質は比較的細粒で軽い粒子からなり，ベッドロードは相対的に大きくて重い粒子からなる。これは，粒径が大きく密度が高いほど，流体中における粒子の沈降速度が大きく（図13.3），浮きにくいことを反映している。

底面の土砂が侵食されるか堆積するかは，流れの運搬能力と供給される土砂量のバランスに依存する。流れの運搬能力は，流速や流量が大きいほど高い。運搬能力に対して供給土砂が著しく少ない場合には，流れは底面の土砂を取り込んで運び去るため，地表面が侵食される。これに対し，供給土砂量が運搬能力を超えると，底面に余剰な土砂が堆積する。つまり，流速や流量が小さくなると，流れの運搬能力が小さくなるため，堆積作用が起こりやすい。一般に運搬能力が低下すると，はじめにベッドロードが静止し，さらに低下すると，粗粒な浮遊物質から徐々に沈降・堆積する。

流体の流れによって運搬される粒子は，**選択的運搬**（selective entrainment）と**摩耗**（attrition）のため，供給源に近いほど粗粒で，供給源から遠いほど細粒となる傾向を示す。前述のように，粒子の大きさや密度によって動きやすさや運搬様式が異なるため，細かく軽い粒子ほど遠くまで運搬される。このような選択的運搬作用を受け，流れによる篩（ふるい）分けが起こる。一方の摩耗とは，流体中を運搬される粒子が転がったり，お互いにぶつかり合ったりすることで，徐々に粒径が小さくなり，粒子の角がとれて丸くなることを指す。つまり，長時間（長距離）運搬された粒子ほど小さく，丸みをおびることになる。

（2）河川のはたらき

水はいろいろな形で岩屑を運搬・堆積するが，それらのなかで，我々が住む陸上の地形に最も影響するのは，河川のはたらきである。雨として地上に降りそそぐ水や，氷雪が融解した水が集積し，河川となって山地から平野，海へと岩屑を運搬する。河川では，水は上流から下流へと一方向へ流れる。このような一方向への流れを**一方向流**（current）とよぶ。また，河川によって運搬される土砂，および土砂の移動を**流砂**とよぶ。

河川は，山間部と平野部で異なる特徴を示す。一般的に，山間部の河川は急勾配で川幅が狭く，流速（掃流力）が大きい。このため，河川上流部においては，下方や側方への侵食作用（それぞれ下刻，側刻とよぶ）が卓越し，谷地形が形づくられる（第12章参照）。また，山間河川の河床には，礫質の堆積物が多く，これは，岩屑の供給源（谷斜面の崩落など）に近いことと，選択的運搬作用を反映している。時には河床に岩盤が露出しており，そのようなところでは，掃流物質が研磨剤となって岩盤の侵食をうながす。

一方，平野部の河川は緩勾配で川幅が広く，流量は大きいものの，流速は比較的小さい。また，平野部では，選択的運搬作用や摩耗をうけながら上流から運ばれてきた細粒な岩屑の割合が大きく

図 **13.4**　蛇行河川（アラスカ）

図 **13.5**　山間河川とファンデルタ（スイス）

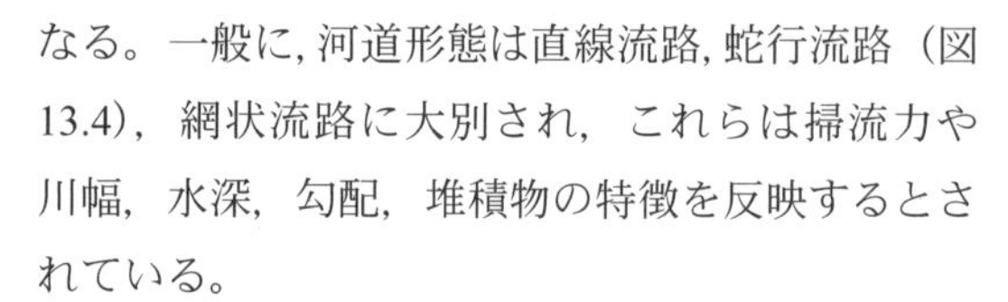

なる。一般に, 河道形態は直線流路, 蛇行流路（図 13.4）, 網状流路に大別され，これらは掃流力や川幅，水深，勾配，堆積物の特徴を反映するとされている。

流速が急激に小さくなるところでは，堆積作用がとくに起こりやすく，河川が山間部から平野部に流れ出るところでは**扇状地**（alluvial fan）が，河口部では**三角州**（delta）がつくられる。また，山間河川が湖などに直接流入するところでは，扇状地と三角州の特徴を併わせもつファンデルタ（図 13.5）が発達する。

(3) 波のはたらき

風が水面に作用することで生じる水面波は，①波そのものが底面付近に引き起こす流れと，②**砕波帯**（surf zone，図 13.6）において生じる持続的な流れによって，沿岸域の岩屑を運搬・堆積する。砕波帯とは，波が砕けて白波を立てながら岸へと押し寄せる海岸付近の浅い領域を指す。波などの作用によって起こる海岸での土砂移動，および運搬される土砂を**漂砂**とよぶ。

波が底面付近に起こす流れは，岸沖方向に行ったり来たりする流れ（**振動流**：oscillatory flow）であり，河川でみられるような一方向流とは性質が異なる。波が水面を伝わるとき，水面近くの水は，波の峰部では岸向き，谷部では沖向きに動き，全体としては円～楕円軌道を描く（図 13.6）。このような水の動きが，減衰しながら海底へと伝わっていくことで，底面付近に振動流を発生させる。ただし，底面付近で振動流が発生し，堆積物が動かされるのは，水深が波長の 1/2 以下の場合に限られる。水深が波長の 1/2 より大きいところでは，水面波による水の動きは底面まで到達できない。

砕波帯では，海岸へと向かう**向岸流**（onshore current）や，海岸から離れていく**離岸流**（rip

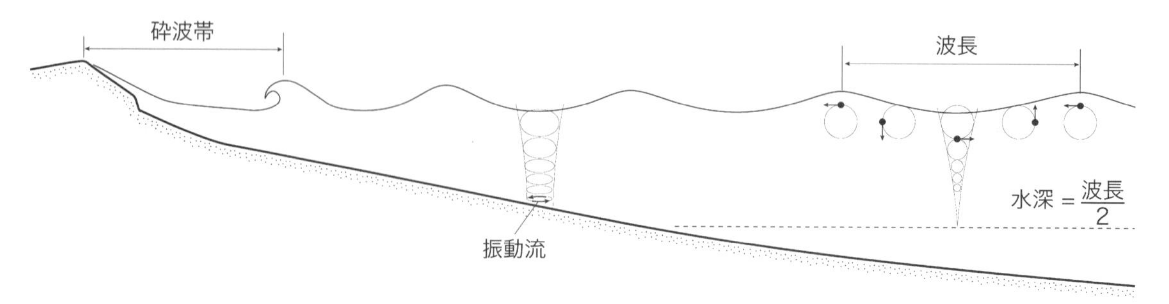

図 **13.6**　波による水の動き
波の峰部が通過する際には岸向きの流れ，谷部では沖向きの流れが起こる.

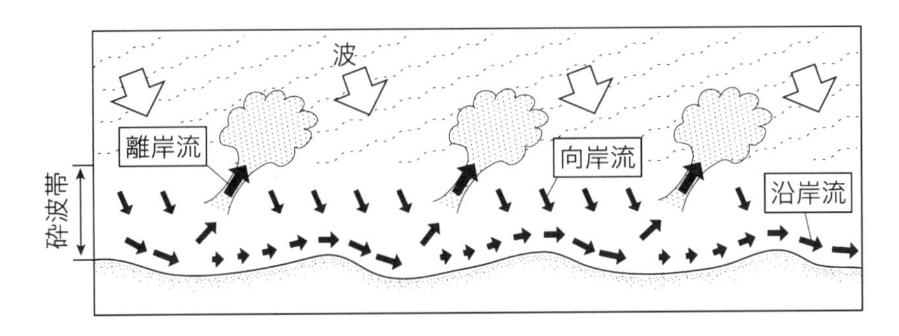

図 13.7　砕波帯内で生じる持続的な流れ

current），海岸に沿って流れる**沿岸流**（longshore current）といった持続的な流れが発生する（図 13.7）。砕波後，向岸流として海岸へと押し寄せた水は，一様に沖向きに戻るのではなく，限られた場所から，幅が狭くて流速が大きい離岸流として流出する。顕著な離岸流は波の入射角が汀線に対して直角に近い場合に発生する。これに対し，波の入射角が十分に小さい場合には，沿岸方向の水の動きが卓越するため，おもに沿岸流が生じる。これらの流れは海岸付近の岩屑を運搬・堆積し，**陸繋島**（トンボロ）や**砂嘴**（さし）など多様な海岸地形を形づくる。

波は暴浪時と静穏時で性質が大きく異なり，砂質海岸の地形はこれを強く反映する。暴浪時の波は侵食的であり，海岸の土砂を侵食して沖へと大量に運び去る。沖へと運ばれた土砂は，**沿岸砂州**（longshore bar）を形成する（図 13.8）。一方，静穏時の波は，土砂を再び海岸へと運搬し，**バーム**（berm）を発達させる。砂質海岸は波の変化に応じてこのような地形変化を繰り返しており，一連の変化を**ビーチサイクル**（beach cycle）とよぶ。

(4) 風のはたらき

風による侵食・運搬・堆積作用が起こるのは，地表面が未固結の岩屑からなり，植生に覆われておらず，なおかつ乾燥している場合である。このような条件に合致するのは，いうまでもなく乾燥地域である。多くの場合，湿潤地域では海岸を除くと地表を草木が覆い，土壌は湿気を帯びて粘着性をもつため，風の影響は小さい。風によって運搬される土砂，もしくは土砂移動を**飛砂**とよぶ。

水の流れと同様，風によっても選別作用が起こる。岩屑粒子の供給源に近く，礫，砂，泥からなる砂漠では，強い風が吹くと，動きやすい細粒物質が大量に運搬される。粗粒な岩屑はその場に残されるため，岩屑の供給源に近い場所には礫砂漠や岩石砂漠ができる。一方，運搬された砂質な岩屑は風が弱くなるところに堆積して砂砂漠をつくる。砂砂漠では，吹き付ける風の性質に応じ，いろいろな形の**砂丘**（dune）が発達する。より細粒な粒子は風によって空中高く巻き上げられ，砂漠からはるか遠く離れたところにまで運搬される。そのような粒子を**風成塵**（eolian dust）よび，風成塵が堆積したものを**レス**（loess）とよぶ。春先に日本で観測される黄砂は風成塵の一種であり，中国内陸の乾燥地帯や黄土地帯に由来する。

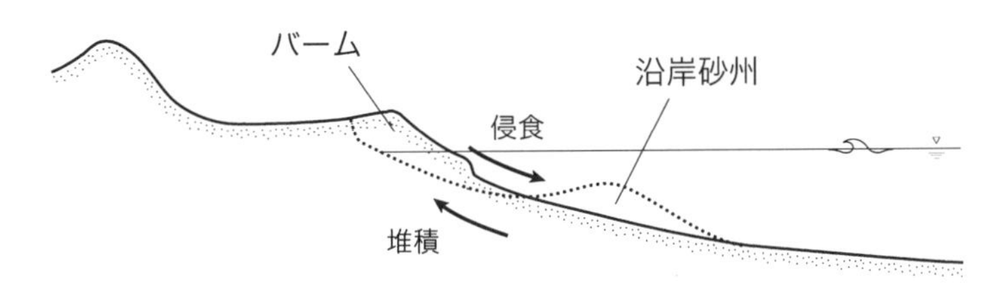

図 13.8　暴浪時（点線）および静穏時（実線）の砂浜断面

第14章　気候が地表環境を変える

(1) 第四紀氷河時代

地球上の大陸配置や大山脈など，プレート運動に支配される大地形の現在の姿は，過去数千万年間の地殻変動を反映している。一方，地表から眺められる陸上地形の大半は，地質時代の最新期（現在を含む最近約260万年間）である**第四紀**（Quaternary）につくられた。古第三紀後半から第四紀にかけては，46億年間の地球史のなかでは特異な**氷河時代**（ice age），すなわち地球上に**氷床**（ice sheet）が存在する寒冷な時代にあたる。とくに第四紀には，地球全体で気候変動が激しく，およそ4万年あるいは10万年周期で相対的に寒い**氷期**（glacial stage）と暖かい**間氷期**（interglacial stage）とが交互に訪れた。気候変動に連動して氷床変動や**海水準変動**（sea level change）が生じ，また動植物の分布が大きく変動した。この第四紀に，人類は猿人から現生人類へと進化した。

第四紀が氷河時代になったのは，大陸移動と関連が深いと考えられている。中生代半ばまでに低緯度にあった巨大なゴンドワナ大陸は，次第に分裂し，古第三紀の3000万年前頃には南極大陸が極域に孤立して存在するようになった。そこで氷河が発達しはじめると，そのアルベドが地盤より高い，つまり日射が反射されやすくなることで寒冷化が進行する。その寒冷化でさらに氷河が拡大し，日射がより反射されやすくなるという雪氷アルベドフィードバックがはたらくため，南極大陸で氷床が成長するとともに，地球全体の気温が低下していった（図14.1a）。

また，新生代に入ってヒマラヤなどの大山脈が相次いで隆起し，そこが活発に侵食されることで未風化の岩盤が露出する分，岩石の化学的風化に大気中の二酸化炭素がより消費されて温室効果が弱まり，寒冷化が促進されたと主張する研究者も

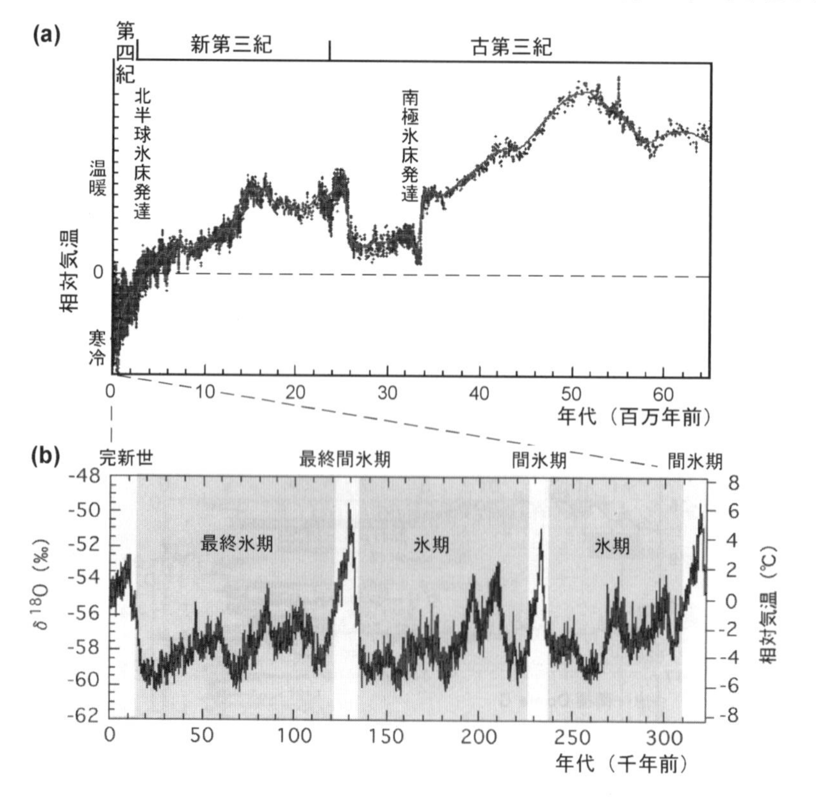

図14.1　新生代の気温変化
(a) 新生代全体の気温変化．第四紀に向かって寒冷化が進むとともに温度変化が激しくなった．(Zachos *et al.*, 2001を改変)
(b) 南極・ドームふじの氷床コアの酸素同位体比曲線が示す最近32万年間の気温変化．(藤井，2005を改変)

いる。そして新第三紀末になると，北大西洋の海底堆積物中に氷山から融け落ちた粗粒堆積物が急増することから，北半球にも広く氷床が発達したことがわかっている。同時期に南北アメリカ大陸間が陸続きになったため，海流系が変化して北半球高緯度が暖流の流入で湿潤化し，雪氷域が拡大したという説がある。この北半球の氷床が大規模に消長を繰り返すのが，第四紀の特色である。

第四紀に氷期と間氷期が周期的に繰り返されてきたことは，海底堆積物，そして南極やグリーンランド氷床のボーリングコアに含まれる酸素や水素の同位体の分析によって判明した。とくに最近の 70 万年間は約 10 万年周期の氷期・間氷期サイクルが卓越し，それに 4 万年周期や 2 万年周期の気温変動が重なっている（図 14.1b）。これらの周期性は，地球の公転軌道や自転軸が周期的に変動することにより，地表面が受ける日射が変化するという**ミランコビッチ理論**に適合することが認められている。

(2) 雪氷圏変動

地球上で水が固体の状態で分布する範囲を**雪氷圏**（cryosphere）という。雪氷圏のおもな構成要素は，**氷河**（glacier）と**永久凍土**（permafrost）と海氷である。このうち氷河は世界の陸地の約 10％（約 1600 万 km^2）を覆う。地表では夏に雪氷を欠くが，地下が年間を通じて凍っているのが永久凍土であり，北半球の陸地の約 15％に存在すると見積もられている。海氷の面積は季節変化と年々変化が大きいが，北半球の冬には北極海（約 1400 万 km^2）をほぼ埋め尽くす。

なかでも氷河には地球上の淡水の 7 割近くが含まれている。その大半を占めるのが南極氷床（図 14.3a）とグリーンランド氷床である。一方，山岳氷河は，高緯度地域から赤道付近の高山まで広範囲に分布する。約 2 万年前の**最終氷期**の最寒冷期には，北アメリカ北部をローレンタイド氷床（図 14.2 の L）やコルディレラ氷床（C），北ヨーロッパをスカンジナビア氷床（S）がほぼ覆いつくし，氷河の総面積は現在の約 2.5 倍に達していた。氷河は，それ自体の重みによって変形し，流動する。氷河が岩盤の上をすべるときに，岩盤を侵食する。その結果，山地の山頂付近にカール（圏谷），山腹には U 字谷などの**氷河地形**が形成される。氷期に海面付近に U 字谷が形成されたところでは，間氷期に海水が進入してフィヨルドがつくられる（図 14.3b）。

永久凍土は 2 年以上連続して 0℃以下にある地盤と定義され，一般に年平均気温が 0℃を下回るあたりから点在しはじめ，より寒冷な地域で連続的に分布する。夏季には地表から深さ数 m まで融解層（活動層）が形成されるので，永久凍土自

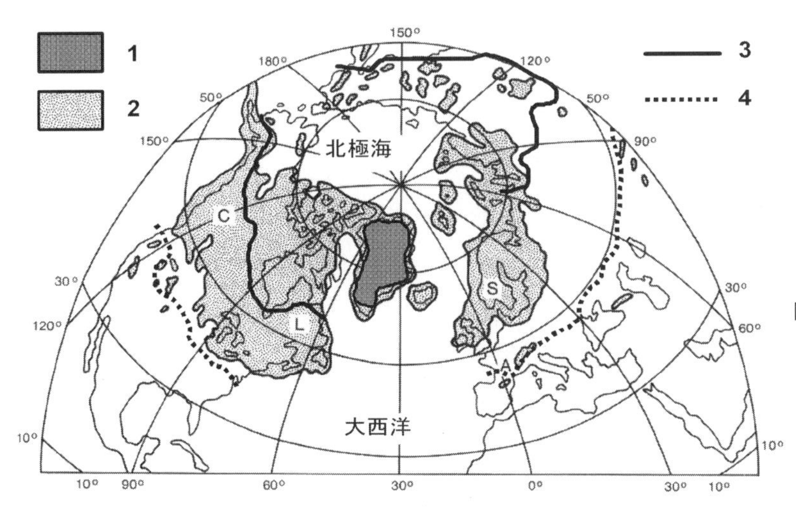

図 14.2　北半球の氷床と永久凍土の分布
1. 現在の氷床
2. 最終氷期の氷床
3. 現在の永久凍土南限
4. 最終氷期の永久凍土南限
（参考資料：Washburn, 1979; Goudie, 1992; Lisitsyna and Romanovskii, 1998）

図 14.3　雪氷圏の自然景観
(a) 南極氷床とその上に顔を出す山々（ヌナターク）.
(b) ノルウェー南部のフィヨルド.
(c) 北極圏スピッツベルゲン島多角形土（永久凍土が割れてできる）.
(d) アラスカ山脈の岩石氷河（永久凍土が自重で変形した）.

体を地表からみることはむずかしい。永久凍土の存在は，ボーリング，地温観測，振動（弾性波）や電流を利用した地下構造の探査によって調べる（口絵 2）。一方，永久凍土地域に特有の地形，たとえば高緯度の平地に見られる多角形土（図 14.3c）や氷体を内包する小丘（ピンゴ），山岳地域に発達する岩石氷河（図 14.3d）などから，地中の永久凍土の存在を知ることもできる。

永久凍土のない地域でも，冬季に地表面温度が 0℃以下となる期間の長い地域では，厚さ 1 m 前後の季節凍土層が発達する。活動層や季節凍土層のように凍結と融解を繰り返す地盤では，凍結時の地面の盛り上がり（凍上）や融解時の表層土の緩やかな下方移動（ソリフラクション）が起こり，円形や縞状の小規模な模様（構造土）などの独特な地形がつくられる。こうした寒冷地に特有だが，氷河作用にはよらない地形をまとめて**周氷河地形**とよぶ。

雪氷圏のとくに縁辺部では，環境が大きく変動しやすい（第 21 章参照）。また，広域にわたる氷河や海氷の消長は，地球上のアルベドを大きく変動させ，フィードバックを介して，地球の気温変動を増幅させている。

(3) 海水準変動

氷期と間氷期のあいだに，おもに大陸氷床の発

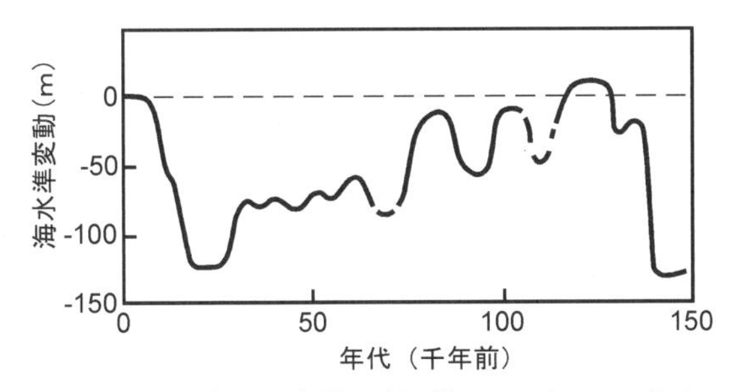

図 14.4　過去 15 万年間の氷河性ユースタシーによる海水準変動曲線
おもに海底のサンゴ化石に基づいて描かれている．（遠藤，2015 を改変）

達と融解によって，世界全体で水深にして 100 m 強の海水量変化（氷河性ユースタシー）が生じる（図 14.4）。しかし，海水準変動の履歴は地点によって大きく異なる。これは海水量の変化は世界共通なのに対し，地殻変動による陸地の昇降，氷床の重量変化にともなう氷床下や周辺の地盤の昇降（氷河性アイソスタシー），海水の重量変化にともなう海底や沿岸域の昇降（ハイドロアイソスタシー）に地域性があるためである。

過去の海面高度を見積るために，海成段丘がよく使われる。ある期間海面が一定高度にあると，波の侵食によって海食崖が後退し，海面下に海食台が発達する。その後，海面が相対的に下がれば，海食台は段丘として陸上に露出するので，その海抜高度から当時の海面高度が推定できる。海成段丘の形成時代は，貝化石の放射性炭素同位体（^{14}C）年代などを測定して決める。陸地が隆起を続ける日本の多くの海岸では，海成段丘が何段もみられるので，海水準変動を調べやすい。現在より海水量が多かった 12 ～ 13 万年前の最終間氷期に形成された段丘は，世界の多くの海岸地域でみられる。

約 2 万年前の最終氷期の最寒冷期には，日本の沿岸では，現在に比べ 100 ～ 140 m ほど海面が低かった（図 14.4）。東京湾や瀬戸内海は陸化し，韓半島と日本列島が接近して日本海は巨大な湾となった。日本海では対馬暖流の流入が止まり，水温低下により蒸発量が減少したために，寒いわりには日本海沿岸の降雪も多くなかったようだ。

(4) 生物圏変動

植物にはそれぞれ生育に適した気温や降水量があるので，気候変動によって植生も変化する。現在に比べて，最終氷期には気候帯・植生帯が低緯度側に移動した。現在の亜寒帯地域のかなりの部分が氷床に覆われるかツンドラ環境となり，熱帯多雨林の範囲は著しく縮小していた。

気候変動に応じて植物が移動する際に，その分布は地形に規制される。氷期にツンドラとなった中部ヨーロッパでは，森林植物は寒冷なアルプスやピレネー山脈に南下を阻まれ，大半が絶滅した。そのため，現在は樹種の少ない単純な森林が広がっている。対照的に，亜寒帯から亜熱帯に広がり起伏も大きい日本列島には植物種が豊富である。これは，氷期にアジア大陸と陸続きになり，北方系の植物が流入する一方，南方系の常緑広葉樹などは太平洋岸の湿潤で冷え込みの弱い土地をレフュージア（避難場所）として生き延びたからである。後氷期（現在の間氷期）には，逆に北方のツンドラ起源の植物が日本アルプスなど高山帯をレフュージアとしている。

動物も気候変動に対して，適応・移動・死滅のいずれかの応答をする。寒冷気候に適応したマンモスゾウは，氷期には乾燥した草原が広がったシベリアなどに生息していた。しかし，最終氷期の終わりに，マンモスを含めて大型哺乳類の大量絶滅が起きた。これは，急激な環境変化に対応できなかったことにもよるが，南北アメリカでは氷床が縮小した氷期末にはじめて人類が大量に流入し，過剰に捕食したためでもあるらしい。

氷期の海面低下期にも，他の大陸とつながらなかった大陸や島では，固有の動・植物相が成立した。たとえば，南極大陸と分裂して以来，他の大陸から隔離されていたオーストラリア大陸では，オセアニア地方特有のカンガルーやコアラなどの有袋類が棲息する。

■コラム

ジオパークで地形を読み解く

(1) ジオパーク

ジオパークとは，地学的な自然遺産を中心に，それに関連する生態系および文化的な環境も含め，保全しつつ教育・観光に活かすよう認定された地域である。開発を規制することを主目的とした従来の自然公園制度とは異なり，自然遺産や環境を持続可能なかたちで利活用する制度といえる。日本では2008年に審査が始まり，2018年9月の時点で44のジオパークが認定されている。そのうち9地域は，国連教育科学文化機関（UNESCO）の事業である世界ジオパークに認定されている。

ジオパークの主目的の1つが教育にあることから，各地域では地形や露頭などの観察地点をリストアップしたうえで，ガイドマップを配布したり解説用の看板を設置したりして，来訪者への便宜を図っている。なにより地元の認定ガイドによるツアーが催行されている点が特色である。

(2) ジオパークを活用した大学教育

ジオパークは大学の野外巡検先としても適している。各ジオパークがウェブサイトに公表している情報は，学生の予習に役立つだけでなく，引率する教員にとっても露頭の位置情報など，巡検ルートを選定する際に有益なものがある。

一例として，筑波大学で地形学の野外巡検として，苗場山麓ジオパーク（2014年認定）を訪れた際のことを紹介しよう（図1）。参加した学生は，事前学習として，①同地域の地質概略，②気候と雪崩地形，③斜面崩壊・地すべり，④河成段丘，⑤活断層というテーマから1つを選び，教科書や論文から関連する図表を探して，巡検用の資料を作成した。その作業の手始めに，ジオパークのウェブサイトを参照し，現地の様子を想像しておくこととした。

現地で学生は，実際の地形や露頭を観察し，地形図と照らして形状や位置関係を確認したほか，事前学習で集めた図表の内容を互いに紹介しあって，そのうえで教員の解説を聞いた。このとき教員は，観察地点の半数をジオパークが整備している地点から，残りは事前学習に挙げたテーマに即して別に選んだ。

苗場山麓ジオパークの場合，多数の露頭について，そこで視認できる岩石がいつどのようにできたかが，ガイドマップや立て看板で初学者向けに解説されている。こうした情報提供は，峡谷や岩峰を美意識で眺めることとは別に，変哲のなさそうな崖も含めて，岩石から地球で起こってきた現象を解明できるという視点を一般に広めるうえで有益である。

一方で，同地域では地形の見どころも豊富だが，ジオパークではほとんど着目されていなかった。つまり，ジオパークの素材や情報を活用したうえで，教員の専門性や学生の学習段階に応じてさまざまな授業に展開できる余地もまた大きい。苗場山麓の巡検の場合，地形を理解するために，地盤をつくる岩石の形成時よりずっと後に，その地盤がどういう地殻変動や侵食過程などを経たか確認していくことが主題となった。

図1　事前学習の結果を現地と見比べる学生たち

図 2　秋吉台のドリーネ

(3) ジオパークを活用した研究

ジオパークでは代表的な地形を観察することができるため，ジオパークを地形学の研究対象として位置づけることもできる。ここでは，山口県にある Mine 秋吉台ジオパークでの研究事例を紹介する。秋吉台の最大の見どころは台地の地表面に多数発達している**ドリーネ**（溶食凹地，図 2）である。図 2 の中央に撮影されているドリーネでは，さまざまな方法により石灰岩の溶食速度が測定されている。

ここではドリーネ斜面の各地点にあるピナクル（石灰岩の塔）中の宇宙線生成核種（^{36}Cl）の濃度を測定した研究例を紹介しよう。12 章でも紹介したように，岩石中の宇宙線生成核種濃度を測定することで溶食速度を推定することができる。その結果に基づき，このドリーネの過去 30 万年間の地表面形状の変化を推定した（図 3）。溶食速度は 0.02 ～ 0.1 mm ／年程度であり，尾根付近よりも斜面下部の溶食速度が大きいことが判明した。この分析結果から，図 2 のドリーネは約 20 ～ 30 万年の時間をかけて形成されたことが明らかになった。さらに，このドリーネでは石灰岩片を実際に埋設し，現在の石灰岩の溶食速度を推定する野外実験も行われている。

日本国内には地形の改変が著しい地域が多く，地形学の研究を行うフィールドにもさまざまな制限がある。そのような状況のなかでジオパークの枠組みで地形が保全され，教育・研究に活用できることは非常に有意義である。今後もジオパークを活用した研究が期待される。

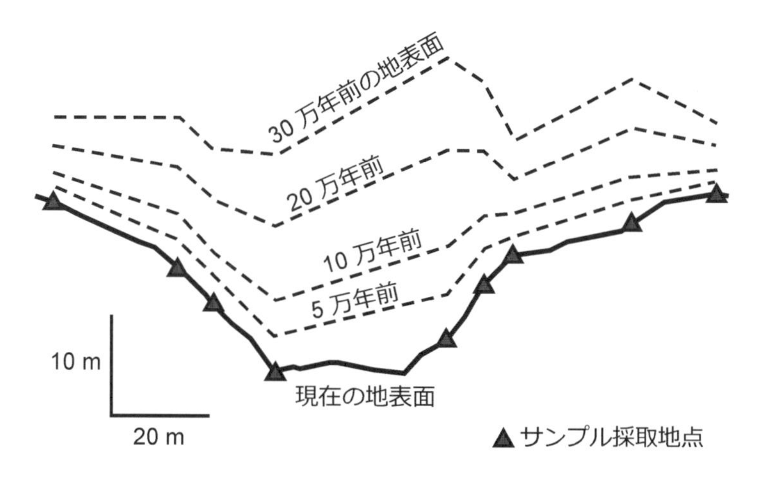

図 3　宇宙線生成核種濃度から推定したドリーネの地形発達
（Matsushi *et al.*, 2010 に基づき作成）

第V部　人間環境システム

第15章　人間による環境の改変と破壊

(1) 人間は環境を変える

人類はその出現以来，自らの生存のため，あるいは快適な環境を実現するため，自然環境に能動的にはたらきかけてこれを自らに都合のよいように改変してきた。自然環境から影響を受けるだけではなく，自然に対して大きな影響を及ぼしてきたのである。

環境改変は人が利用するあらゆる地表でみられる。人が居住場所を確保し，さらに集落を形成していくにつれて，その地表に改変を加えてゆく。農業を行うことは地形，植生，水，そして土壌の改変を引き起こす。不要な植生を取り除き土地をならすなどして農地をつくり，施肥，灌水，さらには薬剤散布等によって環境条件を改変・管理し，選別され改良された少数の作物を栽培する。家畜の放牧は植生を広い範囲で変える。森林は燃料，肥料，材木などの供給源として利用され，人為の影響を受けた植生に変化してゆく。現代人の多くが住む都市はそれ自体が改変された環境であるとともに，それを維持するための水・食料を始めとする多様な物資ならびにエネルギーを外部に依存するため，都市外の環境にも大きなインパクトを与えている。

(2) 地形改変

地形改変は視覚的に捉えやすい。オランダにおける干拓をつうじた国土の拡大はよく知られた大規模な地形改変である。オランダでは10世紀頃から海岸堤防の構築による洪水防御が始まり，後に堤防内側の排水によって「ポルダー」とよばれる干拓地造成が行われるようになった。干拓は風車の利用（15世紀頃から）によって急速に進み，蒸気機関や電動モーターの導入で大規模化した（図15.1）。干拓地の多いオランダでは海面下に相当する土地が国土の4分の1に相当するといわれる。それらは絶え間のない人為的排水によって保持されている。しかし20世紀後半になるとオランダでの大規模干拓計画は，環境への悪影響への

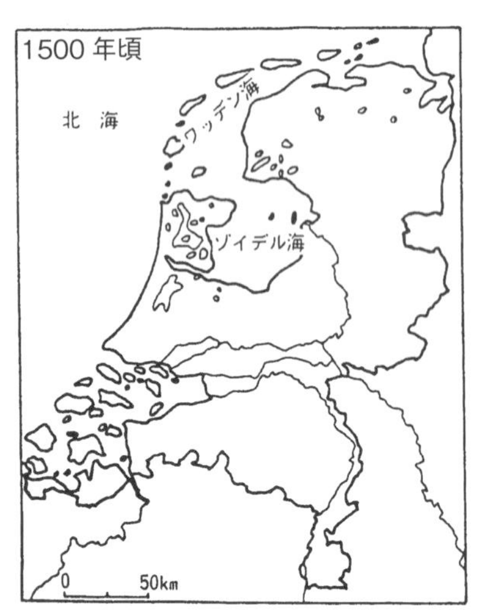

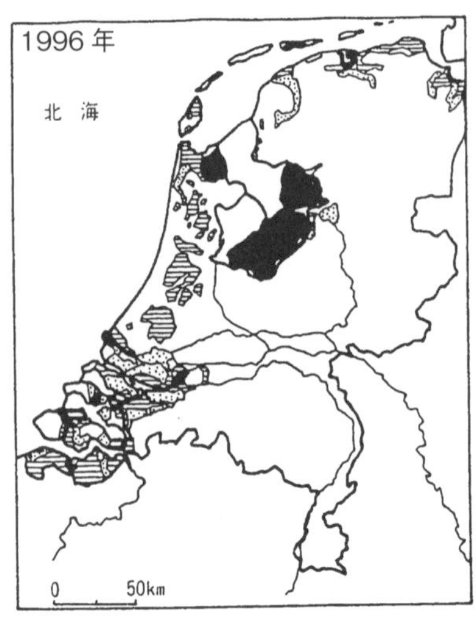

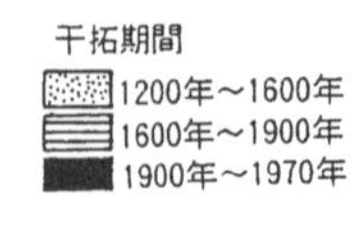

図15.1　オランダにおける国土の変化と干拓
（伊藤，1999）

懸念の高まりをうけて中止された。

農業にともなう地形改変としては，世界各地の平地の乏しい地域で傾斜地・丘陵地に作られた階段状耕地も顕著である。ドイツ南西部のライン川河谷には谷底から丘の頂までブドウ栽培のための階段状耕地がみられる。地中海沿岸でも同様の畑地がみられ，アジア諸地域では棚田も発達している。これらは農民が長年かけて地形改変した結果である。他にもさまざまな目的のため地形が改変されてきた。岩石・鉱物資源の採取は世界各地で山を削り，あるいは巨大なくぼ地を作り出した。丘陵地での近代的な宅地造成は尾根を削り谷を埋め，元の地形を著しく変えてしまった。

(3) 環境破壊

人類による不適切な環境改変はシステムとしての環境を構成する他の要素に悪影響をもたらし，**環境破壊**を引き起こす。たとえば，耕作が土壌の侵食・流亡を促進し，不適切な灌漑が土壌の塩類化を引き起こす。これらは農業生産の持続性を脅かす環境破壊であり，世界的な課題である。人為のこうした弊害は古くから認識されてきた。すでに紀元前 400 年頃ギリシャでは，都市周辺で過度な耕作と放牧により土壌侵食が進み，土地がやせ衰えていることを哲学者プラトンが指摘している。

しかしながら，人類の環境改変は拡大を続け，その弊害の規模も増大の一歩をたどってきた。それは人類を含む生態系に無視できない悪影響をもたらし，第 1 章に述べたようなさまざまな環境破壊を招いた。この背景には人口増大と資源・エネルギー消費の爆発的増加がある。地球上の人口は農業の開始によって急増し，近代工業文明の発展とともに加速的に増え，20 世紀末までに 60 億を超えた（図 15.2）。そして 2050 年には 91 億人に達すると予想されている。この人口を支えるために居住地，食料生産，資源採取，エネルギー消費と工業生産が拡大を続け（図 15.3），環境への負荷を増やしてきた。

現代では，環境改変の弊害が地球全体に及ぶものになり，地球環境問題と呼ばれる地球スケールの環境破壊が生じた。いま，人間は環境改変によって自らの生存基盤を脅かしているとみることもできる。植生や動物相の変化，さらには多くの生物種の消滅も人間によって引き起こされてきた。我々は自分たちが環境をどのように変えてきたのか，それがどのような帰結をもたらしてきたのかについて，正確に知ることが必要である。そして，持続可能な地球環境の構築に向けて努力を続けなければならない（第 25 章参照）。

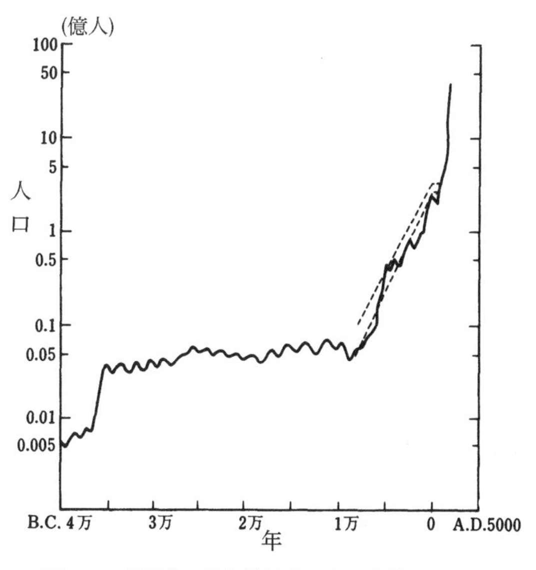

図 15.2　紀元前 4 万年前以降の人口変動
（石・沼田編，1996 による．原図は Biraben, 1979）

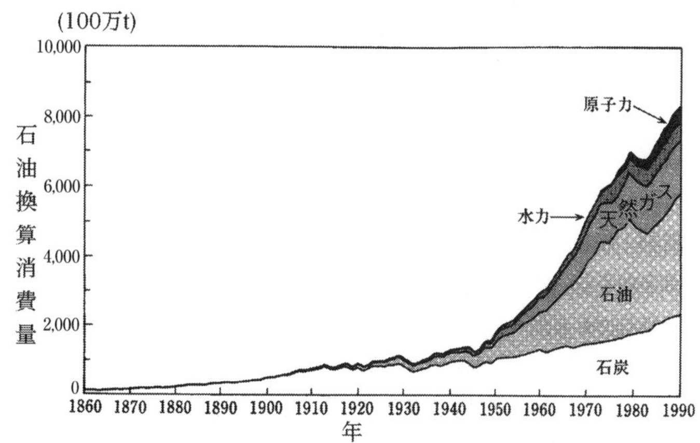

図 15.3　産業革命以降のエネルギー消費の増大とその内訳
（石・沼田編，1996）

(4) 森林破壊

現代において地球環境問題とみなされる森林の急速な減少，すなわち森林破壊に焦点をあててみよう。近年，生態系維持と資源供給における森林の役割がますます重視される一方で，これらの危機をもたらす急速な森林減少が引き続いている。森林は地球規模の大気・水・窒素の循環にかかわり，二酸化炭素の吸収，水循環の安定，地表の土砂移動の緩和などの重要な役割を果たす（第9章参照）。そこは無数の動植物のすみかであり，生物多様性や遺伝子資源の保全の面からも重要な意義をもつ。森林破壊がもたらすこれらの諸機能の喪失が危惧されているのである。

一方で森林は発展途上国の人々にとり生活資材の直接的供給源であり，新たな生活空間を提供する場でもある。経済先進国にとっては紙などの工業製品原料や家具・建築等の材料を生み出す資源である。このため，現在でも大規模な森林伐採を止めるのはむずかしい。

人類史を振り返ると森林破壊は近年に始まったものではなく，人類の誕生以来続いてきた。人類は先史時代から森林を切り開き，開墾地を確保して生活してきた。これは，人類がもともと亜熱帯サバナで出現したために，後の人々もサバナの環境をつくりだそうとしたためだと考えられている。古い時代の森林破壊の跡は各地に残っている。たとえば，イングランドの荒地景観は新石器時代に始まる森林伐採に起因するとされる。北アメリカ先住民たちは森林に火入れすることによって草原の植生を生み出したといわれる。

人類が農業を始めたことは森林伐採を加速させた。農地の確保のため，そして増大した人口が居住する場所をつくるために森林は切り開かれ続けた。文明が興り交易が拡大するにつれて木材の利用が増加し，森林伐採は拡大した。たとえば，古代の地中海東部で栄えたフェニキアでは，地域の山岳を覆っていたレバノン杉などが良質な建材・造船材として切り出され商品として地中海一帯に流通し，それが繁栄を支えた。しかし過度な伐採のため森林はしだいに失われ，地域の山岳のほとんどは不毛の地となった。古代文明の栄えた時代には中国や南米でも森林伐採が盛んに行われ，森林破壊につながっている。

中世のヨーロッパでは開墾の進展が莫大な面積の森林を農地と集落に変えた。図15.4は西暦900年頃から1900年頃までのヨーロッパ中央部における森林の減少を示す。西ヨーロッパでは7世紀頃から森林の開墾が始まり，11世紀から13世紀にかけて大開墾時代を迎えた。それは17世紀にほぼ終焉したが，造船や金属精錬のための木材需要が高まったため，森林の伐採はさらに続いた。世界全体では農業の開始以前に61億haが森林に

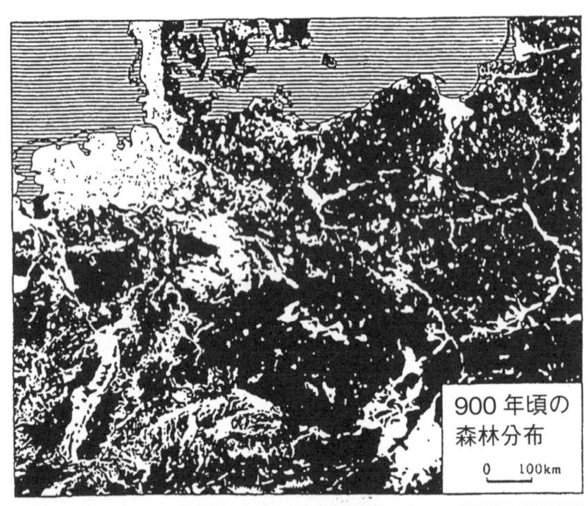

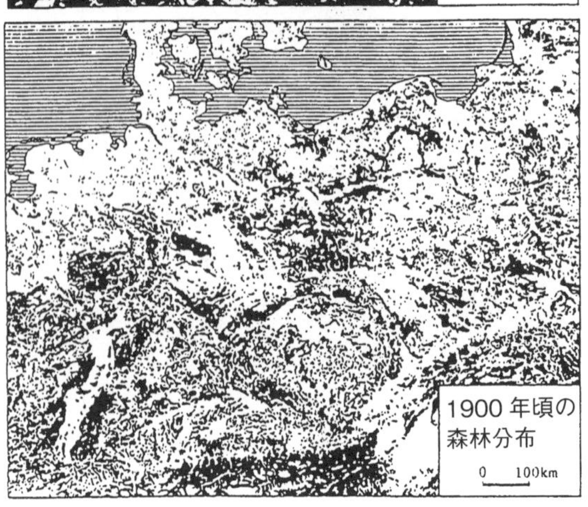

図15.4　中央ヨーロッパにおける森林の減少
（高橋ほか，1995による．原図はSchlüter, 1952）

覆われていたと推定されている。FAO（国連食糧農業機関）によると2010年における世界の森林面積は40億3千万haであった。

近年の森林減少は急速であり，世界の森林面積は植林等による増加を差し引くと1990年から2000年までは年平均832万ha減少し，続く2000年から2010年までは年平均521万ha減少したと推定されている。現代の森林破壊はとくに発展途上国の熱帯林に集中している。地域別にはアフリカと南米で熱帯林を中心に，2000年からの10年にそれぞれ年平均341万ha，400万haが失われた。同じ時期のアジアでは中国における植林などによって全体では年平均224万haの増加をみたが，インドネシア，ミャンマーを中心に東南アジアでは大規模な減少が続いた。

発展途上国での急速な森林破壊は大規模な商業伐採と農地開発，無秩序な焼畑農業や放牧，過度な薪炭材の採取などを通じて起きている。また，森林開発が進むと自然災害が増加し，結果的に森林の退化に拍車がかかる。たとえば，熱帯の自然条件は一度劣化した森林の再生をむずかしくしている。過剰な森林利用の背景には，人口増加にともなう資源・土地の不足や，先進国の需要に対応した農産物・木材輸出の拡大がある。先進国では自国の森林の維持に関心が高いので，代わりに途上国の森林に負荷がかかる。このように森林破壊は，社会・経済的なローカルな要因とグローバルな要因とが複合し，自然条件の特質もかかわるなかで生じている。

第16章　環境の認知・イメージ・場所

(1) 環境論とはなにか：人間と風土

海外旅行から帰ってくると，「ああ，日本に戻ってきたな」と感じるときがある。夏であれば，熱帯を思わせるもわっとした暑気と湿気。成田空港を出て自動車で10分も走れば，水田には稲穂が波打ち，農村集落には，青々とした広葉樹が鎮守の森を形成しているのが目に入る。ヨーロッパ諸国やアメリカ合衆国などから帰国した人の多くは同じような印象をもつのではないだろうか。高温多湿な日本の夏は多様な植物の生育を可能としたが，このような日本の**風土**が与えてくれる有形無形の豊かな恩恵を，生活者である人間は享受してきたといえる。

哲学者の和辻哲郎は，土地の気候，気象，地質，地形，地味，景観などの総称を風土とよんでいる。風土とはある土地の気候や地形，水文環境といった人間の外部にある客観的な自然を指す言葉であるが，和辻のいう風土とは，その地域の自然環境とみなすのではなく，そこで生活する人々（民族）の精神構造や歴史的な存在様式のなかで具現化し，理解されるものと考えられた。和辻は自らがヨーロッパへ留学した際の船旅の経験から，風土と人間との関係を次の3類型に整理した。

第一の類型はモンスーン地帯（アジア）で，暑熱と湿気に特徴づけられる地域である。モンスーン地帯では，自然は人々に対し，ときに風水害といった暴威を振いつつも，豊かな食物を提供してくれるものであり，人々は自然の恩恵を受けている。そこから自然に対し受容的・忍従的な人間類型が育まれるものとした。

第二の類型は砂漠地帯（アラビア，アフリカ，モンゴル）で，乾燥した広漠不毛の地であり，生気のない荒涼とした世界である。この地域の人々は，部族長の命令に絶対的に服従しながら団結し，自然あるいは他部族との間に絶えざる戦闘が繰り返される。こうした地域では，人間の力を超越した唯一絶対的な人格神が生み出されるとした。たとえばユダヤ教のヤーヴェやキリスト教のイエス，イスラム教のアッラーの神など，人間と神が契約によって結ばれるという，厳格な神観念をもつ一神教がこの砂漠地帯で生み出された。

第三の類型は牧場地帯（ヨーロッパ）で，気候は年間を通して温和であり，夏の乾燥期と冬の雨期に特徴がある。自然が人間に対して温順であるこの地域では，モンスーン地帯のように人は自然に忍従する必要はなく，また砂漠地帯のように自然を畏怖する必要もない。人間に対して従順な自然は，人間によって御しやすい存在であり，こうした環境のもとでヨーロッパ的な合理主義の精神や自由の観念，哲学や諸科学といった学術の発展が可能となったのである。

このような和辻の考え方に対しては，イデオロギー的な性格への批判や環境決定論的であるとの批判が寄せられたが，それでもなお風土は，生活や文化，歴史といった人間の精神的基盤と密接にかかわりあっていることに異論はないであろう。和辻の類型でいえば，日本はモンスーン地帯に属している。本州以南の多くの地域は温帯湿潤気候に属し，夏の台風はときに甚大な被害を与えるものの，その慈雨は作物の実りを約束する。また国土の約7割を占める森林は，古来日本人にとって重要な生活の場であった。食糧となる動植物や生活上有用な林産物の供給地であるのみならず，水源の涵養や土砂崩れの防止といった国土保全機能のほか，都市住民のレクリエーションの場としても重要であり，また近年では森林浴といった癒しの場としても意義づけられている。

(2) 森林の思考と砂漠の思考

地理学者の鈴木秀夫は，風土と神観念とのかかわりを考察するうえで，砂漠的な思考と森林的な思考を対置している。超越的な人格神をもつ前者では，天地創造に基づく直線的な世界観を有しているのに対して，後者では，万物は流転するという円環的な世界観が支配的であった。砂漠的な思考，たとえばキリスト教の世界では，万物は神の創造物であるとされ，あらゆるものは天地創造の際，神によって創りだされ，終末のときに終わりを迎える。

一方で森林的な思考，たとえば古代インドでは輪廻の思想が生まれた。鈴木によれば，砂漠ではある1つの道が水場に至る道であるか否か，どちらかに決断をしなければならない。そこでは生への道と滅への道が画然と分かれていることを意味している。それに対して森林には生が満ちている。森林の民は，樹木が生長し，朽ちて土に帰り，また新芽が吹いてくるサイクルを知っている。生長の早い高温多湿の森林のなかで輪廻転生の思想は生まれ，万物は流転するという円環的な世界観が成立するのである。

ここで「砂漠」や「森林」の概念はあくまでも理念的なものであるが，兼好法師のいう生きとし生けるもののすべてに仏が宿っているとする考え方は，森林文化にある日本では共感できる考えである。八百万の神々に感謝する多神教的な神観念も森林を育む自然の力への感謝，豊穣と恵みへの感謝の表出であるともいえる。

(3) 環境認知論

図16.1はアメリカ合衆国西部の風景である。サボテンなどの乾燥に強い植物が地表面を被覆しているものの，植生はまばらであり裸地が広がっている。耕地としての利用は困難であり，牛の放

図16.1　アメリカ合衆国西部の風景（1994年）

牧がされているにすぎない。これを見て，この地域の環境にどのような感想を抱くだろうか。

日本人の多くは，「荒涼」や「茫漠」「空虚」といったニュアンスが一番しっくりとするだろう。あるいは「雄大」や「快適」「長閑」といった回答も寄せられるかもしれない。国土の大半が湿潤地帯に位置する日本では，この写真にみられるような風景は日常的ではなく，我々には新鮮な感覚を覚える。それが好ましい感覚であるか，違和感をもつものであるかは各人の感性によるだろう。

それではアメリカ合衆国西部にやってきた入植者たちはどのような感覚であったであろうか。南のメキシコから移住したラテン系の人々は，この土地が不毛であるとは思わなかった。「この地域にも河川はあり，地域の大部分は豊富な牧草で覆われた広大な平野と素晴らしい谷からできている」。一方，アングロサクソン系の人々は，この西部の風景を次のように書き記した。「自分自身の目でこの裸地状態を見るまでは，この地域のほとんど全体に広がっている不毛さを十分に理解することはできない」。

山がちでより乾燥した地域から北上してきたラテン系の人々にとって，この風景は平地の広がる相対的に植生の豊かな地域に見えた。他方，湿潤な東の草原地帯から来たアングロサクソン系の人々にとっては，不毛でうんざりとさせられるような風景であった。こうした環境に対する評価は，前住地との比較で決まるだけではない。キリスト教（カトリック）の布教や鉱物資源（銀）の採掘を主目的としたラテン系の人々にとって，気候や植生といった自然環境にはそれほど大きな関心はなかったのに対して，原野を開墾し農地を耕作するために移住してきたアングロサクソン系の人々にとって，降水量が少ない乾燥した台地は，不毛以外の何物でもなかった。原野とは開墾すべき土地であり，人間に対する脅威でもあった。

このように同じ環境にあっても，人は自らの行動経験やその場所への来訪目的，価値観などといった個人（社会）的な属性によって環境に対する認知の仕方には差異が生じることがわかる。

環境認知は人間の実存的な状況とかかわる本質的なテーマである。この地域で生まれ育ったアメリカ先住民預言者の言を引用しよう。「大地が私の母である。その胸の上に私は座る。あなた方は私に大地を耕せという。私にナイフを手に取り，私の母の胸を切り裂けというのか。あなた方は私に大地を掘り，石を探せという。私の母の皮の下を掘って骨を探せというのか。あなた方は草を刈り，干草を作って売り，白人のように金持ちになれという。どうして私の母の髪を切り取ることができるのだろうか」。

環境認知とは，不毛や荒涼，あるいはすばらしいといった単純な感覚ではなく，その土地に生きる人にとっては，本当に重要な実存的意味をもつこともある。人間は誰でも，自分なりの物の見方や考え方（＝価値観）をもっているが，それは必ずしも普遍的なものではなく，自分が生まれ育った文化の影響を必然的に受けているのである。

人間（集団）は自然環境に対してさまざまなイメージをもっており，人間が環境のもっている可能性のうち何を選択するかは，現実の環境よりもそれをいかに認知しているかによって決まるという考え方を環境認知論という。

(4) 都市空間における環境知覚

各人によって異なる環境認知をどのように計測することができるだろうか。有力な方法として**メンタルマップ**研究があげられる。メンタルマップとは頭のなかの地域イメージのことで，我々が主観的に理解している頭のなかの地理的情報を地図の形で表現したものである。図16.2は茨城県に位置するT大学における「東京」のメンタルマップの例を示したものである。この図を手がかりに環境知覚と個人属性とのかかわりを考えてみよう。

図の中央にほぼ円形に描かれているのがJR山手線である。鉄道では他に東西方向を走るJR中

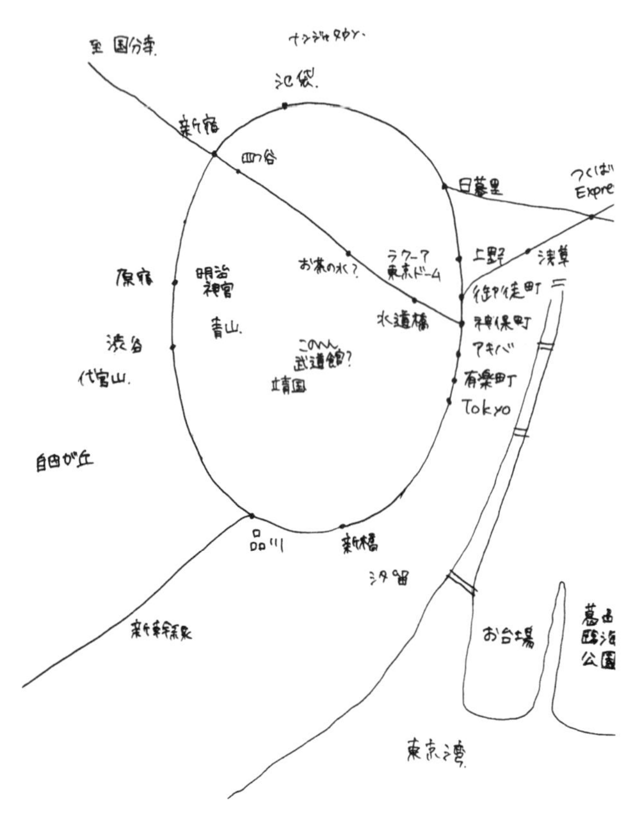

図 16.2　T 大学生による東京のメンタルマップ

央線と南に伸びる東海道新幹線，そして茨城方面を結ぶつくばエクスプレスと JR 常磐線が描かれているが，私鉄や地下鉄，道路などは記載されていない。山手線内にある主要ターミナル駅の名称が描かれており，その他にもいくつかの地名や施設名，川や橋などが描かれている。

人はどのようにして多様な地理的情報のなかから自分にとって必要な情報を取捨選択し，環境知覚を行うのであろうか。都市計画家であったリンチは，地域の景観的要素（形態的な側面）から都市を理解する手がかりになる基本的な構成要素として，次の 5 点を指摘した。

①**パス**（paths）：街路や運河，鉄道など人々が移動に利用する道筋，道路。日常利用する経路となり，他の要素間を関連づける役割を果たす。

②**エッジ**（edges）：2 つの地域の境界となったり，地域を隔離し，移動の障害として感じられたりするもの。河川や海岸線，城壁，鉄道の線路などが該当する。

③**ディストリクト**（districts）：何らかの一貫した特徴によってアイデンティティ（地域的まとまり）を形成している面的な広がり。公園やオフィス街，マイノリティ居住地，高級住宅地，CBD（中心業務地区）などが該当する。

④**ノード**（nodes）：駅や交差点など都市内部にある主要な結節点をさす。複数の鉄道路線が交差する駅やスクランブル交差点などは，とくに重要な結節点となる。

⑤**ランドマーク**（landmarks）：周囲のもののなかで，ひときわ目立ち印象に残りやすい特徴的な建物や施設。タワーや看板，山，巨大ビルや娯楽施設などが該当する。

これらの要素が相互に連関して都市環境の知覚が形成される。図の T 大学生の事例でいえば，山手線は「東京」において最も特徴的なパスであり，新宿や上野，品川といった鉄道駅がノードとなる。東京武道館や靖国神社，明治神宮，ナンジャタウン（都市型テーマパーク）などの施設はランドマークの役割を果たしている。自由が丘や代官山といった若者に人気のショッピングエリアはディストリクトに相当しよう。北や西側の輪郭が描かれていないのは，この方面におけるエッジの認識の弱さによるものでもあるが，東と南方向では，隅田川と東京湾（海岸線）が重要なエッジとなっていることがうかがえる。また，山手線はパスであると同時にエッジとしても機能しているものと考えられる。

こうした環境知覚は，性別・年齢などの個人属性や生活行動，価値観，あるいは人生経験などに応じて，ある程度共通した特徴がみられる。T 大学は茨城県南部にあり，学生の多くは大学周辺に居住し，東京周辺の出身者を除くと東京への来訪はそれほど頻繁ではない。記載されている地名は，古書街のある神保町や東京ドーム，武道館など来訪経験のある施設，原宿，代官山，自由が丘，お台場といった若者に人気のあるスポットであり，これらの場所が個別的に知覚されている。

東京への主要な移動手段は鉄道であり，東京からみると北東部からアクセスすることになるため，東京の東部（下町地区）には比較的認識はあるものの，西部（山の手地区）には認識が弱く，山手線を中心にその有力な乗換駅を結節点として認識が広がっている様子がわかる。

(5) 環境知覚の発達

都市空間における環境知覚の発達に関してはこれまでに幾多の議論が重ねられてきた。子どもの知覚環境の発達に関する研究では，自宅と学校の近隣と通学路にしたがって低学年からだんだんと知覚が発達し，活動範囲が広がるにつれて，公園や遊び場，そして繁華街などへと知覚が拡大していくことが知られている。子どもの空間認知の発展段階を研究したピアジェとインヘルダーによると，2 歳までの子どもは自分の触れられる行動範囲に自分を位置づけるようになり，7 歳までの時期には自宅を特別な場として認識し，近接，分離などの空間的法則にも気づくようになる。しだいに自宅と周辺の建造物や道路との関係が構築され空間的相互関係を理解するようになっていく。

学童期の初期には，自宅と学校がまず描かれ，この間の道筋にある住宅や店舗，公園，農地などの景観要素が描かれることが多い。小学校低学年の児童にとって，通学路から見える景色が重要な知覚要素であり，知覚された空間はこの通学路の動線に沿って形成される。これをメンタルマップの形状からルートマップ型とよぶ。

高学年になると，通学路を離れ広範囲に知覚が及ぶようになり，さらには交差点や周辺にある印象深い場所や建物などの相互の位置関係もほぼ正確に認知されるようになる。これをサーベイマップ型とよぶ。発達段階に応じて，地図上に描かれる要素も格段に増加し，より詳細かつ正確に空間が知覚されていくことがわかる。

このようにメンタルマップの発達に関する理論的考察は，認知科学や心理学，生理学などの分野で議論されてきたが，ゴリッジは地理学の立場から，メンタルマップの学習理論として**アンカー・ポイント理論**を提示した（図 16.3）。これは，あ

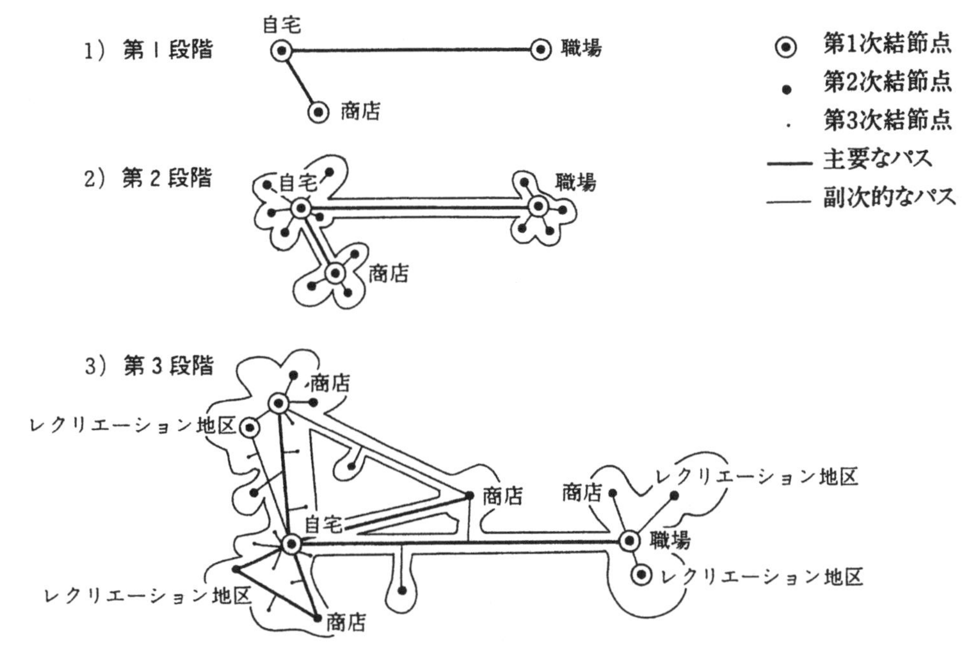

図 16.3　アンカー・ポイント理論

る都市に来た新規住民が新天地である周囲の環境を知覚していく過程に関する仮説である。この理論では，新規住民はまず主要なノードとなる自宅，職場，商店などの位置を学習し，それらを結ぶ主要なパスを認識する。学齢期の子どもをもつ婦人であれば学校も重要なノードとなる（第一段階）。これらの第1次結節点を核として，その周辺地区に第2次結節点が形成される（第二段階）。さらにはレクリエーション施設や他の商店といった新たな結節点が獲得され，しだいに環境認知が拡大していくことが考えられる。

(6) 地理的空間と場所

人文地理学の分野では1960年代以降，法則定立を意図した計量的手法を用いた研究が隆盛をみた。そこでは現実世界の地理空間の特性を客観的に分析することが重要視され，仮説演繹的で検証可能であることが前提とされた。この地理学の新しい動きは「計量革命」とよばれ，1960～70年代にアメリカ合衆国を核心地として発展した。こうした論理実証主義的な研究では，地理空間は人間に現前する客観的な存在として扱われることとなり，計量的な研究は大量のデータを正確かつ迅速に処理できるコンピュータの進化とともに飛躍的に発展した。

しかしながら計量的な実証主義的地理学では，ともすれば人間を物量として扱う傾向があった。これに対して，人間や人間をとりまく環境世界を人間の側から具体的に生き生きとした形で理解することを志向する人文主義的な研究が生まれてきた。人文主義的な立場では，主体と切り離された客観的な世界は存在せず，人間の具体的な経験のなかにおいて存在する相互主観的な世界が研究対象とされた。**人文主義地理学**では，主体によって経験される空間が「生きられた空間」として呈示される。この生きられた空間とは，主体にとって意味や価値をもった特別な空間であり，こうした主体にとって意義ある空間のことを「**場所 (place)**」とよんだ。人間のもつ感情や意味，価値，目標などに場所は深く結びついており，人間は場所と主体的にかかわることによって初めて人間になると考えるのである。

人文主義的地理学では，地理的な空間とは人間によって経験されるものであり，経験されることによって初めて意味をもつ。誰にとっても同じに経験される客観的な空間は存在しない。私の「東京」とあなたの「東京」はちがうのだ。個人の生活体験や価値観などによって，空間はさまざまな意味を付与された特別な「場所」となる。人文主義地理学の関心は，人間が場所に対してどのようにかかわり，またどのように了解しているのかを探求することを通して，場所の性格を明らかにすることにある。

(7) 場所を探求すること

場所に愛着をもつこと，場所に強い絆をもつことは重要な人間的欲求である。レルフによれば，ある場所に根づくことに対する欲求（＝居場所をもつこと）は他の精神的欲求のために必要な前提条件であり，人間にとって必要不可欠の欲求である。人間はある場所に根づくことによって，そこから世界を見る安全地帯を確保し，事物の秩序のなかに自分自身の立場をしっかりと把握し，どこか特定の場所に深い精神的・心理的な愛着をもつことができる。

たとえば，「住まい」は単なる家屋や住居と同意ではない。住まいは子どもにとってはゆりかごのような存在であり，外部世界から守られている他には代えがたい意味世界となる。場所とはこのように，人間の行動や価値の中心であり，我々がそこで自分の存在にとって意義深いできごとを体験する1つの焦点となるものである。人生におけるさまざまなできごとや行動は特定の場所を背景としてのみ意味をもち，それらの体験は場所の特性によって彩られ影響をもつものとなる。

このように，場所は私たちの世界経験を秩序づけるための基本的な要素であり，自分の意味世界やアイデンティティは場所との関係で構築されるものである。前後左右や上下といった身体感覚はその最も基本的な要素である。人間は自分の外界に意義深い空間（＝場所）をつくりだしていくが，こうした場所として識別される生きられた世界は，各人の意思や行動目的，体験から生じるために多様に分化している。信仰の聖地のように，自己の実存を支えるような場所に対して，完全なる一体感をもつような濃密なかかわり方もあれば，都市計画者や研究者のように，私情を交えず没感情的な姿勢で場所に対峙することもあろう。さらには，故郷を追われた殉難者のように，場所から阻害され拒絶されている状態も考えられる。

(8) 場所のセンスと没場所性

同じ場所に対してであっても，人間とその場所とのかかわり方は実に多様だ。大学キャンパスにそびえる時計台は，その大学の学生にとってシンボル的な場所となりうるが，不合格となった受験生にとっては二度とかかわりたくない場所となるかもしれない。青春時代の貴重な思い出として記憶されている人もあれば，苦々しい体験の場として記憶する人もいるだろう。

したがって，人間と場所とのかかわり方には，正邪があるわけではなく，人間が場所に対してどのような意志や態度でかかわるのかが重要になってくる。人間が場所に対して能動的・主体的にかかわっていく態度や人間存在もしくは個人のアイデンティティの基礎としての場所との深い結びつきをもつような感覚を「場所のセンス」という。緊張感のある場所，安らぎの場所，わくわくするような場所など，人間は多様な意識の様態を場所と結びつけて体験する。このため場所に鋭敏であることは，人間が人間として生きていくために必要な態度である。

しかしながら，高速交通体系の確立や通信技術の進歩，マルチメディア時代の到来によってもたらされたグローバル化によって，現代社会において空間の障壁は急速に克服されつつあり，地域の個性や特徴が近代工業化以前の時代と比較して，非常に小さいものとなった。景観的にも文化的にも空間の均質化・画一化が進行し，本来は環境と適合し，地域の風土を反映してつくりあげられてきた意義ある場所が，無機質で交換可能なものへと変容してしまっている。その結果，人間は場所に対して鈍感となり，場所の深層にある象徴的な意義に気づかず，場所のアイデンティティに何の理解も示さないような，場所のセンスを欠く事態（レルフはこれを場所に対する「偽物の態度」とよんだ）が生じてくる。このようにどの場所も外見ばかりか，雰囲気までが同様になってしまい，場所のアイデンティティがありきたりなステレオタイプ化されてしまうほどに弱められてしまうことを「**没場所性**」という。

没場所的な態度は，人間が主体的に場所にかかわっていこうとする態度と対極にある危険な態度である。なぜならば，自らが主体的に場所を経験する力を失い，他者によってつくりだされた場所を受動的に疑似体験しているに過ぎなくなってしまうからである。没場所的な態度は自分が主体的に場所とかかわっていこうとするセンスを弱め，人間が環境と共生していく力をそぐことにつながる。

(9) 人間にとって場所とは何か

人間にとって場所や環境はどのような意味や価値をもつのであろうか。レルフとともに人文主義的地理学の旗手であったトゥアンは，環境問題とは基本的に人間の問題であり，自分自身を理解することなしには環境問題の永続的な解決はおぼつかないと指摘する。トゥアンはトポフィリア（場所愛）という概念を提起し，人間と場所あるいは環境との間の情緒的な結びつきに関心を示した。人間は，場所への情緒的な結びつき（トポフィリア）を感じるだけでなく，場所への嫌悪（トポフォピア）を感じることもある。何らかの情緒的つながりを通じて，場所が構築されていくのである。

阿部 一は伝統的な「場所」や近代的な「空間」は，いずれも自分たちをとりまく環境において見出されるものとし，環境が意味ある「場所」や無機的な「空間」として現れるという。このことは人間が環境から意味を読み取っていることを意味している。

人文主義地理学では，環境は人間に外在しているのではなく，人間の意識と志向性によって主体的に捉えられる存在である。人間の周囲が意味ある場所で満たされているならば，地球環境は人間を優しく包む母性的な様態を示すだろう。反対に地球環境が人間にとって危険な状況にあるということは，人間と場所とのかかわりが希薄になり，没場所的な関係に陥ったことの帰結である。

人間と環境の未来を考えるとき，宮崎 駿のアニメをもう一度みてみよう。現代社会に生活する我々がいかに場所との結びつきを弱めてしまっているかがわかるであろう。地球環境の未来は他でもない，私たち一人ひとりの双肩にかかっているのである。

第17章　人間と環境システム：人文地理学の基本的視点

(1) 地理学における環境論の系譜

人間集団と地球環境のかかわりは，近代地理学の形成期から研究の中心課題とみなされてきた。19世紀の前半に近代地理学の基礎をきづいたフンボルト（1769～1859）とリッター（1779～1859）は，地域を構成する諸要素がたがいに密接に関連しあっていることを強調した。とくにリッターは「人類に対して地球および地上の諸地点がおよぼす多様な制約と関係を（中略）地理学の課題の頂点に」位置づけた。ラッツェル（1844～1904）は，このような観点から『人文地理学』（1882年）を体系づけた研究者であり，この著作で人文地理学（独：*Anthropogeographie*）という言葉がはじめて使われるようになった。内村鑑三の『地人論』（1894年）も原題は「地理学考」であり，大地と人類の関係を論じるという環境論地理学の視点は，19世紀後半から20世紀の前半にかけて，地理学研究の大きな流れを形成した。その後，一面的な環境決定論への批判や反省をへて，人間と環境のかかわりに関しては，可能論・人間生態学・文化生態学・地域生態論・環境認知研究など，多様で柔軟なアプローチが試みられてきた。

自然と人間のかかわりについて，従来の地理学的考察を図式的に整理すると，次の3つが考えられる。

環　境　論：自然環境が人間活動を規定している。
文化景観論：人間活動により自然が改変される。
人間環境システム論：人間活動と自然環境はたがいに影響しあっている。

これらの3つのアプローチは，それぞれ異なった説明モデルの着眼点を代表している。

(2) 人間環境システムの2つの側面

特定の地理的事象について，しばしば環境論的解釈と非環境論的解釈が主張されることが多い。たとえば，フランスにおけるワイン産地の立地要因をめぐる議論は，こうした相対立する解釈がならび立つ好例といえる。

一方において，「よい土地」が「よいワイン」を生み出すという考え方がある。あるワイン雑誌によれば，「品質の高いワインを生み出す条件を分析すると，生産者の努力が占める割合はせいぜい10％ほどにすぎない」と書かれている。すなわち，残りの90％は土地柄によるというわけである。これなどは，典型的に環境論的解釈といえる。この解釈は，ある意味でフランス・ワイン

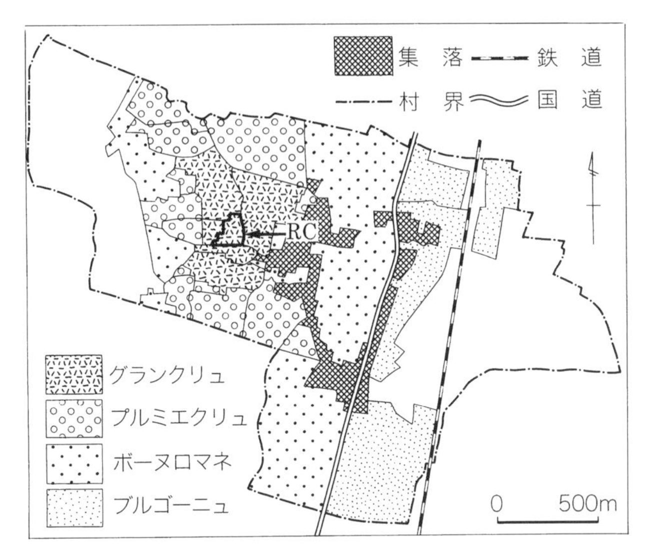

図17.1　ボーヌロマネ村（フランス・ブルゴーニュ地方）におけるブドウ畑のカテゴリー区分
（Atlas Hachette des vins de France, 2000）

業界の建前でもある。ワインの等級区分が，この原則に基づいて行われているからである。たとえば，図17.1は世界的に有名なブルゴーニュ地方のワイン産地を示している。図中に示された4種類の凡例は，ワインの原料になるブドウ畑のカテゴリー区分である。最上位（グランクリュ）のブドウ畑で収穫されたブドウだけが，グランクリュ・レベルのワインの原料である。図中にRCとあるのはロマネコンティであるが，ロマネコンティという赤ワインの原料は，この1.8 haの畑から収穫されたブドウに限られる。ロマネコンティはワインの名称であるが，同時にブドウ畑の名称でもあって，ワイナリーの名称ではない。同じように，最下級の畑で収穫したブドウからは「ブルゴーニュ」という銘柄のワインが生産される。銘柄の種類とブドウ畑の区分は完全に対応している。フランス・ワインの等級区分はこの原則によっており，土地柄（テロワール）がワインの品質を規定するという基本的な発想をよく示している。

これに対して，高級ワイン産地の立地については非環境論的な解釈もみられる。そもそもフランスの高級ワイン産地は，気候条件からいうと，ブドウの栽培（寒冷）限界近くに位置している。栽培適地である地中海沿岸は，むしろ伝統的にテーブルワインの産地であった。歴史地理学者のディオンは，こうしたワイン産地の立地特性を大消費市場との位置関係から説明している。歴史的にみて，フランスの商業的なワイン産地は，ロンドンやアムステルダムなど，ブドウの栽培限界の北側に位置する大消費市場を最大の顧客にしてきた。海に面したボルドーやコニャック地方，ライン川にそったアルザス地方などで大規模なワイン産地が形成された背景には，大消費市場への近接性と水運の便という交通条件が存在した。ブルゴーニュ地方にしても，パリという大消費市場への近接性が高級ワイン産地の形成をもたらしたといえる。他方，これらの大消費市場から遠く離れた南フランスでは，19世紀にいたるまで，商業的なワイン産地が大きく発展することはなかった。地中海に面したラングドック地方がヨーロッパ最大のワイン産地に成長したのは，鉄道時代が到来した19世紀半ば以降のことである。

(3) 人　間：地表空間のオーガナイザー

このように，しばしば，地表空間を構造づける要因は人間（社会）の側にみられる。いわば，人間は万物の尺度なのである。人間にかかわる地表の事象は，その時代における人間固有の**空間スケール**や空間処理能力（管理できる領域の広さ，移動できる距離，1日にできる作業量，1回で輸送できる重量など）に応じて場所を占め，位置づけられ，評価される。水田1区画の大きさや，集落・都市の配置は，技術水準につれて変化する時間距離や時間面積と関係している。1人の人間であれ，あるいは人間集団であれ，ある場所に人間がいるというだけで，その地点がまわりの中心になり，周囲の空間はすべて中心に向かって指向し，分化し，配列される。

こうした現象は多様な空間スケールでみられるが，図17.2は東京を中心とする空間秩序を関東

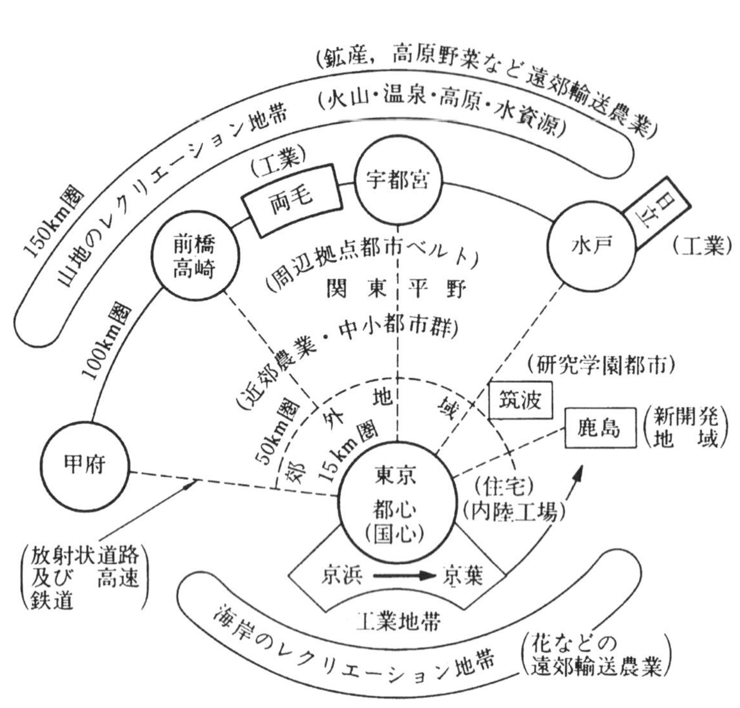

図 17.2　関東地方の空間構造モデル
（山鹿，1986）

地方スケールで示したものである。かつて（高度成長期以前）の関東地方では，西関東と東関東の地域的コントラストがしばしば強調された。歴史的にみて，西関東は古くから社会経済的な面で関東の先進地域であり，人口密度・都市密度・土地生産性・農業集約度など，さまざまな側面で明瞭な差がみられた。しかし，現在では，関東平野の農業は大消費市場である東京の影響を強く受け，基本的には東京を中心とする同心円パターンを形成している。農業にかぎらず，現在の関東地方は，首都東京の圧倒的な影響下にある。東京を中心にして（あるいは東京の要求に対応して）施設や産業が配置され，地域空間の機能が規定されがちである。しかし，同心円パターンばかりが強調され，東西のコントラストが後景に退いたからといって，地域の現実がそのように単純化されたわけではない。かつて存在した地域的コントラストが，短期間であとかたなく消滅することはまれである。要は強調点の変化であって，現実の地域では大なり小なり**地理的**（歴史的）**慣性**が作用している。

(4) 人間環境システムの構造転換

このように，地表空間の構造やパターンを考察するときには，時代の変化に対応した**構造転換**という側面と，長期にわたって安定的な地理的（歴史的）慣性という側面が，いずれも重要な着眼点である。両者は表面的にみると正反対であるが，けっして矛盾するものではない。地域の動態はこれらの 2 側面をつねに含んでおり，どちらか一方だけを強調することは，誤りに陥りやすい道である。たとえば，図 17.3 と図 17.4 は，同じ地域（黒部川扇状地の農村）を対象にして描かれた新旧 2 枚の地域構造図である。前者はほぼ 1950 年代，後者は 1980 年代の状況に対応しており，そこには一世代の間隔がある。異なった研究者が作成したものであるが，両者を比べると，構造転換の側面と地理的慣性の側面をともに指摘することができる。

図 17.3 では，環境論的な色彩の濃い地域構造が描かれている。そこでのキーワードは水稲単作・低反収・出稼ぎなどであり，それらの人文現象を説明する自然的基盤として，水量の豊富さや保水

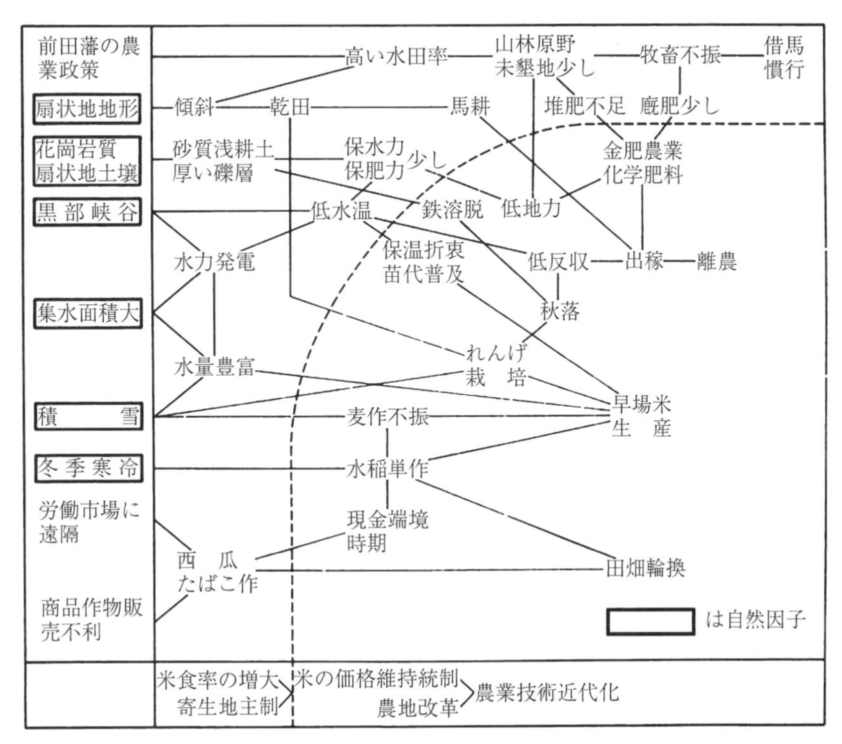

図17.3　黒部川扇状地における農業の地域構造
（千葉，1972）

力の低さ，低水温などの地域特性が指摘されている。これに対して，図17.4では，通勤兼業の発達や水稲の高収量などがキーワードに登場し，それらをもたらした要因として工場の進出やモータリゼーション，多肥農業の伝統などが指摘されている。低反収が高収量に変わり，出稼ぎが通勤兼業へと変化したために，この30年間で黒部川扇状地の人間環境システムは大きく構造転換したのである。他方で，2つの図を比較すると，共通する部分も多くみられる。自然環境条件としての扇状地地形・積雪・黒部川の存在や，社会環境条件としての遠隔地的性格は，いずれの図でも地域を特徴づける要素として登場する。その意味では，この地域の人間環境システムの基本的な骨格は，この30年間であまり変わっていないという見方もできる。

ある地域の人間環境システムを解明しようとするとき，最も重要なポイントは，その地域を特徴づける本質的な現象を捉えることであろう。しかし，いかに本質的な現象であっても，それは時代とともに変化する。ただし，短期間にたやすく変化するようであれば，それを本質的な現象とみることはむずかしい。従来の研究において，緩慢にしか変化せず，それでいて重要な意味をもつ現象（あるいは，そのような構造）を見出すことが重視されてきたのは，以上のような，人間と環境にかかわる地域構造の性格を反映している。

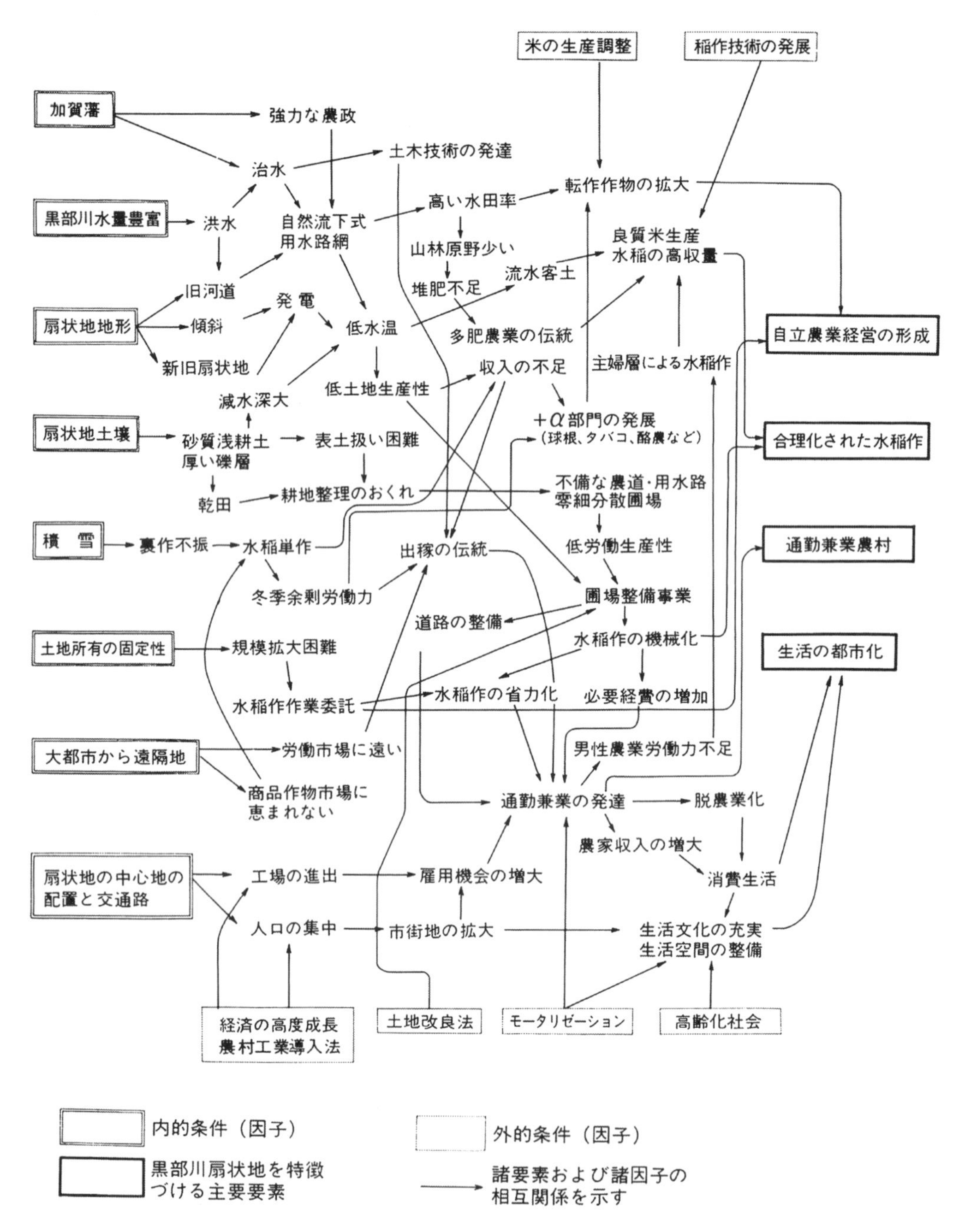

図 **17.4**　黒部川扇状地の地域構造
（田林，1991）

第VI部　人文地域システム

第18章　地域をどう考えるか

(1) 地域とは何か

地域（region）は，地理学の研究対象である。地域はまた日常語で何らかの場所や範囲を示す単語でもある。地点はほとんど広がりをもたない場所であるのに対し，地域はある程度の空間的広がりを有する場所となる。しかし地理学では，「地域とは何か」という疑問をめぐって，過去100年以上多くの議論がなされてきた。このことからも把握できるように，地域は地理学における重要な概念である。

これまで地域はさまざまに定義されてきた。現時点では，地域は次のような性格を有すると認識されている。①地表の一部である。②空間的な広がりをもつ。③固有な場所的関係をもつ。④隣接の空間から区別される。⑤より大なる地域の部分である。これらの性格のうち，①や②は，日常語としての地域にも含有されている。逆に③④⑤が地理学固有の地域概念に含まれる性格である。③の固有な場所的関係は，「地表に存在する多様な事物の相互間にみられる場所的な関係」を意味する。それが固有であるということは，その地域が何らかの意味でまとまりがあるということである。つまり，③と④を総合すると，地域とは，周囲の地域とは異なった性格をもち，内部的には固有の性格を示す空間的広がりである。⑤の性格は，地域という空間的単元が特定のスケールに対応しているわけではなく，さまざまな空間スケールに地域が存在し，それらが互いに階層的な関係にあることを意味している。

地域は日常語としても使われることから，地理学用語としての地域の利用には注意を要する。日本でも，空間的なスケールを示す言葉として，全国レベル，地域レベル，市町村レベルというようにしばしば表現される。しかし，日本における地理学用語としての地域は，特定の空間スケールを示すわけではない。そのため，地方レベルや都道府県レベルといった表現で置き換えるべきである。

(2) さまざまな地域概念

地域の意味は多様であるが，地域にはさまざまな概念も存在する。以下では，そのいくつかについて概観しよう。

地理学において何らかの具体的地域が問題になるのは，ある事象の地理的分布や立地が問われたときである。たとえば，日本のブドウ栽培がどこで盛んであるかという問いに対しては，まず甲府盆地のように地名（固有名詞）で答えることができる。しかし，それに加えて，扇状地の扇央部であるとか，桑園の跡地のように普通名詞で答える場合もある。後者は，「どこ」というよりは「どんなところ」という問いに対する解答と捉えられる。ここでいう固有名詞で表される地域が**個別地域**（specific region）である。一方，普通名詞で表現されるものが**類型地域**（generic region）である。個別地域は位置と結びついた地域固有の性格を重視するのに対し，類型地域は地域の一般的性格を把握することに重きが置かれる。この意味では，両者は対立する地域概念という側面に加えて，地理学に不可欠な観点を示しているともいえる。

地域はまた，**等質地域**（uniform region）と**機能地域**（functional region）または**結節地域**（nodal

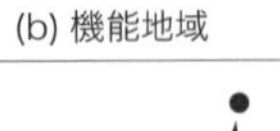
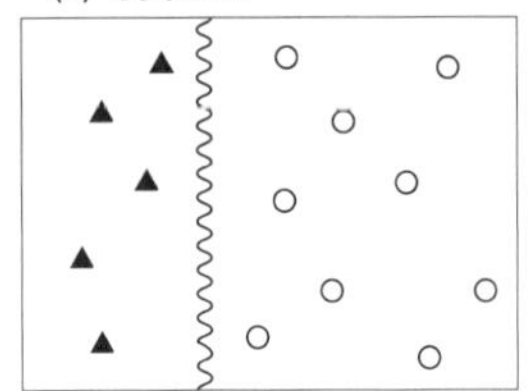

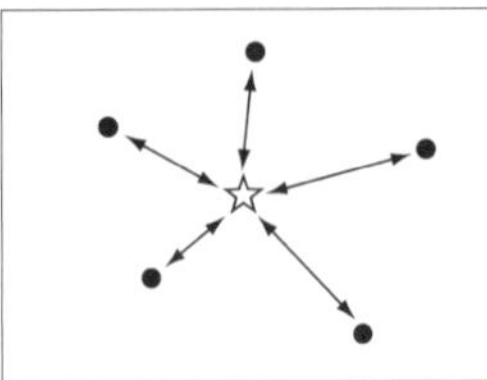

図 18.1　等質地域と機能地域の単純なモデル
（手塚，1991 を改変）

region）に分けることもできる。等質地域は，ある地域の内部が何らかの観点からみて等質であるとみなせるような地域をいう。図 18.1a に示すように，等質地域の単純なモデルは，同一の性格を示す空間がある境界線をはさんで，まったく異なった性格をもつ空間と接しているというものである。すなわち，等質地域内部では，類似した地点が集まって，1 つのまとまった地域を形成している。それに対して，機能地域は，互いに性格の異なる地点が機能的に結びつくことで，1 つの地域が形成されているものである。機能地域の最も単純なモデルは，1 つの中心点を核として，そこと結びついている複数の地点がまとまって地域を形づくっている場合である（図 18.1b）。等質地域のキーワードが「等質性」と「不連続」であるとすれば，機能地域のそれは「中心性」，「補完性」および「流動」である。

たとえば，アメリカ大陸は自然環境の等質性に着目した自然地域をよりどころとすれば，パナマ海峡によって，南北アメリカという 2 つの地域に分けられる。一方，文化の等質性に注目すれば，アメリカ合衆国とメキシコの国境で，アングロアメリカとラテンアメリカという 2 つの地域に分けることができる。こうした考え方が等質地域的なものである。それに対して，都市圏は 1 つの機能地域である。そこでは，中心都市を核として，それと都市郊外や周囲の諸都市が機能的に結合している。

地理学では，まず等質地域の概念が成立した。それは，地域の等質性という側面が観察されやすいからであった。一方，機能地域の概念は，19 世紀前半に刊行されたフォン＝チューネン（J. H. Von Thünen）による「**孤立国**（Der isolierte Staat)」を除くと 20 世紀以降に生まれた。それは，社会学や経済学の影響下で都市圏や商圏が考えられたことを契機とする。さらに，クリスタラー（W. Christaller）による**中心地理論**（Central Place Theory）が，機能地域の概念を発達させた。

地域は，**全域**と**基域**に区分して考えることもできる。全域とはあるスケールの地域全体であり，基域は全域をいくつかに分けたときの個々の小なる地域である。つまり，基域が複数集まって全域というより大なる地域を形成している。この考え方は，分析の際に有効となる。たとえば，日本の稲作を都道府県別に検討する場合，全域は日本であり，基域は都道府県となる。また，茨城県のそれを市町村別に検討する際には，全域は茨城県，基域は市町村となる。これは，次に述べる地域のスケールとも関連している。

(3) 地域のスケールと地域性

（1）で，さまざまな空間スケールに地域が存在することを述べた。しかし，こうした地域を見つけ出すことは地理学の課題ではない。地表に展開する諸現象を扱う地理学では，たとえば諸現象の分布や立地を扱う際に，いかなる空間スケールで分析を行うのかを問題とする。また，ある空間スケールに存在する地域において，その下位地域がどのような関係を有しているのかを追求する。前者は，地域のスケールが諸現象を地域的に分析する観点に依存することを示している。一方，後者は地域の階層性という観点によるものである。

前者について，温州ミカンの栽培地域を取り上げてみよう。温州ミカンの原産地は日本とされているが，世界地図でその栽培地域を図示してみると，日本だけでなく，スペイン，アメリカ合衆国（カリフォルニア），中国，韓国，オーストラリアにも分布する。次に日本全図では，千葉県以

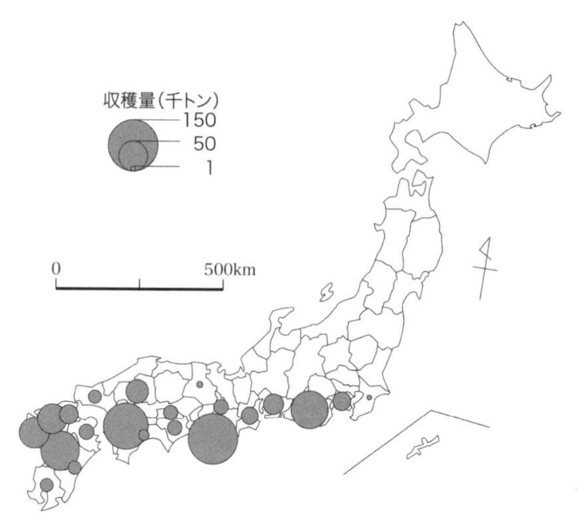

図 18.2　日本における都道府県別温州ミカンの収穫量（2017 年）
収穫量 1,000 トン以上の府県のみ表現.
（「平成 29 年産みかんの結果樹面積，収穫量および出荷量」（農林水産省））

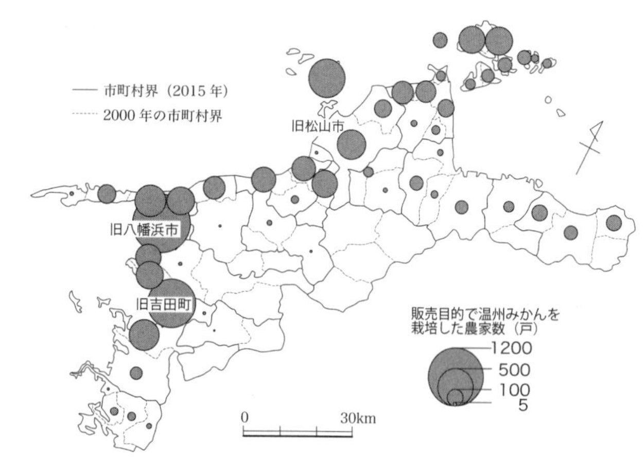

図 18.3　愛媛県における旧市町村別温州ミカンの栽培農家数（2015 年）
販売農家数のみ.（農業センサス）

西の海岸地域で栽培されている様子が把握できる（図 18.2）。とくに静岡，和歌山，愛媛，九州の諸県が著名な産地であろう。これには，年平均気温 15 ～ 17℃以上という制約条件が影響している。

さらに，温州ミカンの生産が卓越する愛媛県を取りあげると，全県にわたって栽培する農家が存在するわけではない。図 18.3 を参照すると，温州ミカンの栽培農家は，山間部にはほとんど存在せず，沿岸部に集中する。とくに，旧八幡浜市や旧吉田町といった宇和海沿岸に集中している。さらにミクロな視点で旧八幡浜市に注目すると，宇和海沿岸部の傾斜地に温州ミカン園が偏在していることが地形図等から明らかになる。

地域の階層性という視点は，ある空間スケールに存在する地域が，より広い空間スケールの部分地域であること，またより狭い空間スケールの地域を包含していることに基づいている。さらに，それぞれの地域は単に上下関係という包含状態にあるだけでなく，相互に機能的な関係をもっている。つまり，機能地域としての性格も有している。ここでは，関東地方における集乳圏を取りあげてみよう。

牛乳は，酪農家から，集落集乳所，クーラー・ステーション，東京市乳工場へと流れていく。牛乳は酪農家の畜舎で生産され，まず，集落集乳所に集められる。この集落集乳所を中心とする範囲が第 1 次集乳圏である。次に，それらの牛乳はクーラー・ステーションに集められる。これを中心

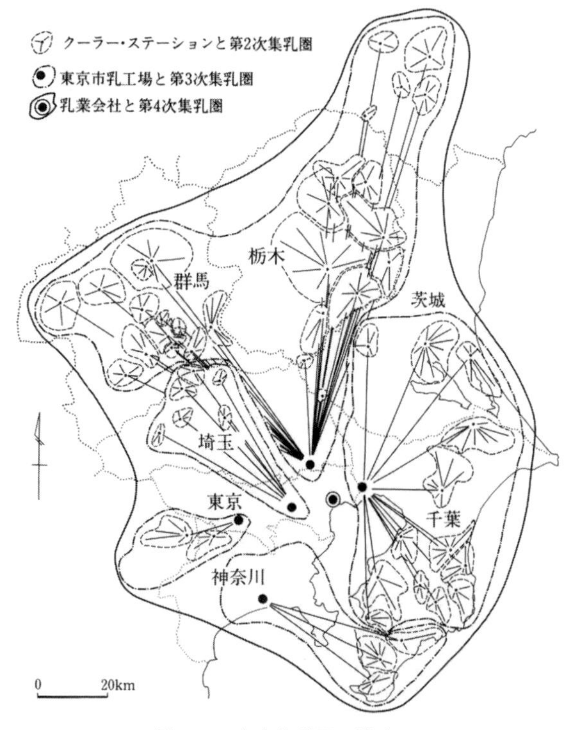

図 18.4　東京集乳圏の模式図
（斎藤，1989）

としてより広範な第2次集乳圏が画定できる。図18.4は，第2次集乳圏より階層が上位の集乳圏を示す。牛乳はクーラー・ステーションから市乳工場に集められるが，そこを中心とした第3次集乳圏が存在する。第4次集乳圏は，ほぼ関東地方全体を包含する空間的範囲で，乳業会社の東京集乳圏となる。このように，第1次から第4次までの集乳圏は，それぞれ集落集乳所，クーラー・ステーション，東京市乳工場，乳業会社を中心とする機能地域として捉えられる。さらに，それぞれの機能地域はその階層が高次になるほど，より広い空間的範囲を有する。こうした地域スケールに応じた階層性が存在するのである。

地域性という語は，一般的にも用いられ，地域の特徴または性格を意味する。しかし，地理学的にはさまざまな意味がある。たとえば，山梨県の果樹生産の地域性という場合，他の都道府県と比べて山梨県の果樹生産の特徴を示す場合と，山梨県内部での果樹生産の地域的差異を指す場合とがある。前者の場合，山梨県は日本という全域の中での基域である。そこでは，ブドウ栽培に特化しているといった性格が描かれるであろう。一方，後者では，山梨県が全域で，基域は県内各地域ということになる。その場合，ブドウ栽培に特化しているのは甲府盆地の東部であり，その他の地域ではモモやサクランボの生産が卓越する。

第19章　地域は結びつく

(1) 地域は相互に関係する

歴史的にみると，人類出現以来，人々が土地を利用し生計を立てることで，さまざまなスケールで地域が成立してきた。しかし，あるスケールの地域内で人々やモノの動きが完結することはまれである。つまり，ある地域は，隣接のまたは遠隔の諸地域とつねに関係を有してきた。

農業や手工業の生産物に余剰が生じると，他の人々へと販売できるようになった。その結果，商人が誕生し，また市が成立し，それを基礎とした都市が成立するようになった。結果として，モノはあるスケールの地域の範囲を越えて，他の地域へともたらされるようになった。時代の進行とともに，モノの移動距離は増加し，たとえば，茶やゴムがアジアからヨーロッパへと輸送された。また，ヨーロッパで発生した産業革命によって，産業の構造が大きく変化すると，職住分離が生じた。その結果，通勤という人々の空間移動が日常的にみられるようになった。

さらに，旅行の発達という立場からも地域間の相互作用をみることができる。商業というビジネス目的の旅行を除くと，伝統的な旅行には，巡礼といった宗教に基づくものと温泉地に滞在するような療養目的のものがあった。18世紀以降は，人口の都市への集中が生じ，都市人口率は急増した。こうした都市の発達にともなう都市環境の悪化，経済の発達とともに，楽しみを目的とした旅行，すなわち観光が増大した。観光は日常生活圏を離れて，別の地域へと移動し心身の再生（レクリエーション）を行うことである。観光の増大は，特定の観光目的地を大きく変容させてきた。その結果，経済活動のなかで観光関連産業が重要な地位を占め，また観光関連サービスに関連する景観が卓越するような観光地域が形成された。

このような地域間の相互関係は，交通路の整備に依存する傾向が強い。かつて移動手段は徒歩に依存していたが，技術が進歩すると，船舶，列車，自動車，航空機といった新たな交通手段も出現し，それにともなって海路，鉄道，自動車道路などの整備が進んだ。その結果，人々や物資を大量かつ迅速に輸送することが可能になった。また，情報を伝達する手段として，郵便システムや電話が開発され，近年ではインターネットの普及によって，大量の情報が瞬時に取得できるようになった。こうした状況下，地域相互間の結合は密になっている。

(2) 地域間の結合

ある地域と別の地域との結合は，既述のように物流，通勤流動，観光流動，情報の流動などを通じて量的に把握することができる。ここでは，都市という地域の結合状況やその階層性を示すものである**都市システム**（urban system）を取り上げよう。図19.1は，東アジアにおける年旅客流動量からみた都市間の結びつきを示している。1994年の時点では，東京，香港，シンガポールの3都市に多くの流動が集中し，東アジアにおける都市ネットワークの中心的位置にあることがわかる。3都市相互の流動も多いものの，東京の場合には，ソウルや北京といった都市との流動量もある程度多い。つまり，1994年では，東京，香港，シンガポールが諸都市との結合のなかで上位の都市として位置づけられる。一方で，ソウルや北京は東京を中心とする下位のネットワークに組み込まれている。このように都市システムは階層性をもった複雑な形態である。もちろん，こうした階層性ネットワークは，北京などの台頭によって時代とともに変化する。

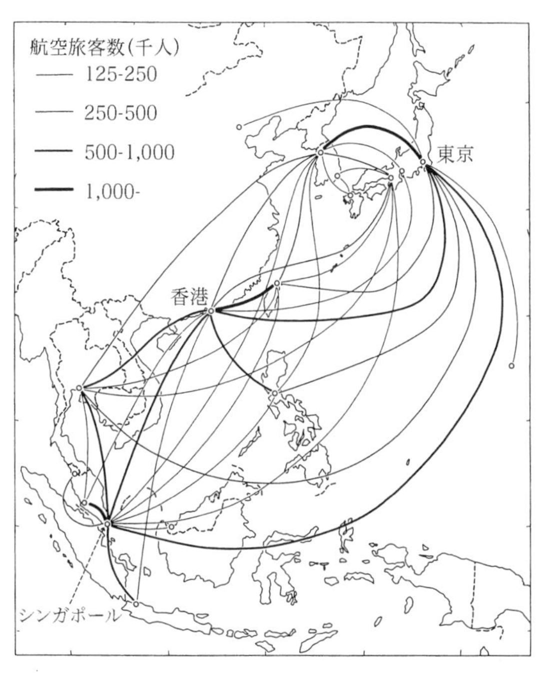

図19.1　東アジアの航空旅客流動からみた都市システム（1994年）
（Murayama, 2000を改変）

(3) 文化伝播

文化はなぜ地域によって異なるのかという問題に対して，研究者たちはさまざまな説明を試行してきた。19世紀にダーウィンの進化論に影響を受けて登場した文化進化論は，文化はそれぞれの地域で進化しているが，それぞれ異なった段階にあり，その発展段階のちがいが，世界における文化の地域差に表れているという考え方である。また20世紀初頭には，自然環境の差異が文化の差異を生み出すという**環境決定論**がもてはやされた。

文化進化論や環境決定論は，新しい考え方や技術（**イノベーション**）が，どの地域でも独自に発生することを前提としている。しかし，現実には，すべての地域でイノベーションが独立発生することは少なく，イノベーションが起源地から伝播することによって現在の文化要素の分布をかたちづくった場合が非常に多い。つまり，ある地域に存在する文化要素の多くは，過去のある時点で別の場所で発生したイノベーションが地域を越えて伝わったものである。こうした点に注目した地理学者は，多様な文化要素が地域的に拡大する現象を**文化伝播**（cultural diffusion）として捉えた。こうした文化伝播は，異なった地域が相互に結びつくことで発生する。

20世紀半ばになると，文化伝播の研究の成果が多く蓄積され，文化伝播の類型やプロセスが検討されるようになった。文化伝播には，**拡大伝播**（expansion diffusion）と**移転伝播**（relocation diffusion）という形態がある（図19.2）。拡大伝播は，伝播した文化要素は起源地に残存し，新しく伝播した場所に分布領域が拡大していく形態である。

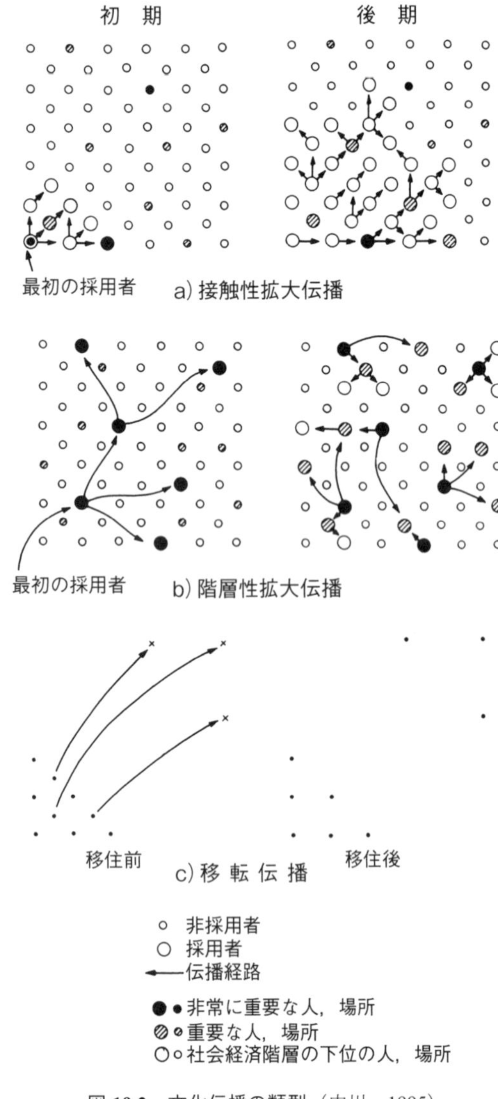

図 **19.2**　文化伝播の類型（中川，1995）

一方，移転伝播は人間の移動とともに文化特性が拡散するものである。

拡大伝播は，**接触性拡大伝播**（contagious expansion diffusion）と**階層性拡大伝播**（hierarchical expansion diffusion）とに分けられる。接触性拡大伝播は，伝染病の拡大のように，直接的な接触によって文化要素が拡大するプロセスである。この伝播では，起源地から近い場所で早く生じ，遠い場所では遅く伝わるという**近接効果**（neighborhood effect）が作用することになる。つまり，単純に考えれば，ある文化要素が卓越する領域は，時間の経過とともに周囲に拡大することになる。この考え方は，さまざまな学問分野で用いられてきた。たとえば，日本の民俗学では，方言が近畿地方を中心としてその周囲に伝播してきたという方言周圏論が重要な概念となっている。これは，近畿地方で発生した新しいある言葉が，東と西に向かって徐々に伝播していくことを示している。実際には，新しい単語などが次々と近畿地方で発生するため分布形態は複雑である。たとえば，20 世紀前半のカタツムリの呼称は，近畿地方では「デデムシ」が卓越し，そこから離れるにしたがって，「マイマイ」，「ツブリ」，「ナメクジ」となる。つまり，「デデムシ」が最も新しく，最も外縁に存在する「ナメクジ」が古語に該当する。

階層性拡大伝播は，大都市から他の大都市へといったように，イノベーションの起源地から周囲の地域を飛び越えて伝播するプロセスである。また，重要人物から他の重要人物への伝播もこれに当てはまる。たとえば，女性の服装の流行に注目すると，パリやミラノで発生した流行は，まず東京，ロンドン，ニューヨークといった世界的な大都市に伝播し，そこから下位の都市へと都市の階層を下るように普及する。こうした階層の秩序にしたがった伝播には，**階層効果**（hierarchical effect）が作用する。

移転伝播は，拡大伝播とは異なって，ある文化特性を有する人々が新しい居住地へと移住することによって生ずる。たとえば，16 世紀に始まるヨーロッパから新大陸への移住は，歴史的に最も重要な移転伝播である。アメリカ大陸では，ヨーロッパ人の開拓者によって，ヨーロッパに存在した文化特性が伝播された。移転伝播の考え方は，現在のアメリカを理解する際に不可欠である。

(4) 国境とボーダーレス社会

上述した文化伝播の考え方は，地域と地域が何らかのかたちでつねに関係をもってきたことに依拠している。しかし，ある地域に居住する人々は，自分たちの地域が有する領域の広がりを意識してきた。また，他地域の人々が自地域に簡単に入れないように境界を設け，その境界を維持しようとしてきた。その結果，地域間のイノベーションの拡散は制限されることになる。境界は，一般にさまざまな地域スケールで存在するが，ここでは国境についてヨーロッパを例にみてみよう。

世界のなかで，ヨーロッパほど国境が変化した地域はない。ヨーロッパのさまざまな国は，過去 2000 年間，何度も戦争を繰り返し，そのたびに国境は変動してきた。たとえば，フランスのアルザス地方はかつてドイツの領域であり，またポーランドはドイツ，オーストリア，ロシアの一部とされた時代があった。

国境が，ほぼ完全な障壁として機能した例は，第二次世界大戦後に出現した「鉄のカーテン」にみることができる。ヨーロッパを東西に分けた鉄のカーテンでは，自由な行き来が制限された。しかし，ソ連で生じた「ペレストロイカ（改革）」が進行し，1989 年以降，旧社会主義諸国では民主化が進んだ。その過程で，鉄のカーテンは意味を失い，国境は開放された。また，ドイツ統一によって，ベルリンの壁の撤去に象徴されるように，かつて東西ドイツを分断していた国境は消滅した。

一方，西ヨーロッパでは，国境を越えて石炭や鉄鉱石を共同利用しようとする試みが，1950 年代に始まった。この試行は，その後 EEC や EC へと発展し，1993 年には EU が組織された。こうした国単位の経済協力だけでなく，文化的側面も重視した地方自治体レベルでの越境地域連携も盛んになっている。

経済的な側面からみると，国境は人やモノ，情報の流動を制限するはたらきをする。これを緩和させるために，国境を撤廃する模索が，1985 年からドイツ，フランス，ベネルクス 3 国で始まった。1990 年には，シェンゲン協定が結ばれ，5 カ国間では国境の検問がなくなり，越境が自由になった。シェンゲン協定はその後拡大し，ヨーロッパのほとんどの地域で検問を通過せずに越境が可能となっている。

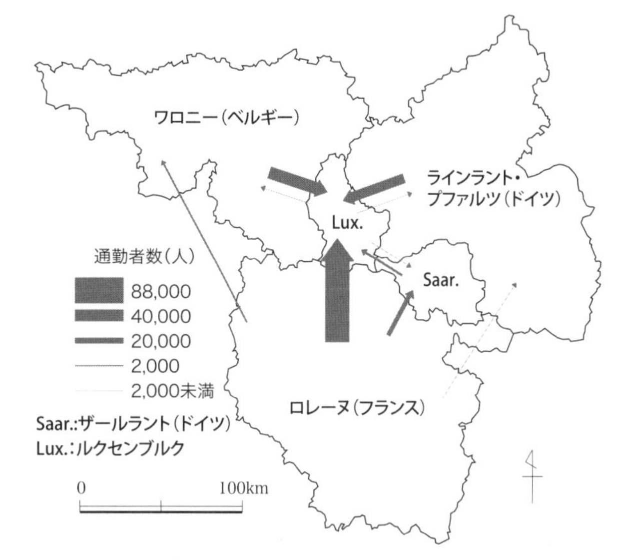

図 19.3　ザール・ロル・ルクスにおける通勤流動（2015 年推計値）
（国際労働市場監視所のホームページによる。推計された流動のみが示されている）https://www.iba-oie.eu/

こうした国境の性格変化は，さまざまな地域変化をもたらした。その例としてザール・ロル・ルクス（Saar-Lor-Lux）地域の通勤行動と買い物行動について述べる。この地域は，ドイツのザールラント州，フランスのロレーヌ，ルクセンブルクを中心とする地域で，さらにドイツのラインラント・プファルツ州，ベルギーのワロニー地方を含んでいる。同地域における越境通勤流動をみると（図 19.3），労働力移動はロレーヌで多く発生しており，とくにルクセンブルクへの通勤が卓越する。このような通勤流動は，1960 年代から存在するが，シェンゲン協定発効以降，継続的に増加している。こうした流動の理由には，ルクセンブルクにおける高い賃金水準，ロレーヌにおける経済不振による雇用の減少などがある。

一方，越境の自由化は，買い物行動も変化させている。一般に課税システム，経済規模，流通システムが国によって異なるため，商品の品揃えや価格には差異が生ずる。こうした差異や国境の自由化によって，国境に隣接する地域では国境を越えた買い物が頻繁になされている。統一通貨ユーロのため，単純な価格比較や両替不要な買い物が可能になっている。ザール・ロル・ルクス地域で買い物行動の例をみると，ドイツ人は安価なガソリンや化粧品などを求めてルクセンブルクを，また安価で豊富な食料品を購入するためフランスを訪れる。フランス人は，電化製品を自国より安価なドイツで購入する。またルクセンブルク人は，衣料品や食料品購入のためにドイツやフランスに出かけている。

このように，西ヨーロッパ内部では国境の垣根がますます低くなっている。そのため，国境が有する地域と地域を結びつける障害という側面は減少している。しかし，その一方で，犯罪の増加や違法移民の増加などの悪影響も出現するため，今日では，シェンゲン協定加盟国とそれ以外の国々との国境では検問が強化されている。

第20章　地域構造と変化

(1) 2つの地域構造

ある地域の特徴を客観的に説明するための便利な考え方が，**地域構造**である。その考え方の基礎になる哲学的な概念が，**構造主義**（structuralism）である。構造主義とは，換言すれば，ある事物の構成要素間の関連から全体を理解しようとするものであり，**システム論**（systems theory）の1つと捉えることができる。地理学で使われる地域構造は，それを構成する要素が，①いくつかの現実の地域であったり，②1つの地域のなかに具体的に存在する事象であったりするため，哲学よりもわかりやすいといえる。

前者のいくつかの地域が構成要素となる地域構造は，**地域の空間構造**（spatial structure of region）とよばれる。これは，複数の基域としての地域がまとまって，より大きな全域としての地域を構成するものである。地域の空間構造の特徴は，単純でわかりやすいモデル図にまとめることができること，地域の経年変化を説明するのに適していることである。

一方，1つの地域を構成する諸事象に注目する地域構造は，**地域の生態構造**（ecological structure of region）とよばれる。地域の生態構造では，地域を構成する要素の因果関係に注目しながら，ある地域の特徴を説明することに特色がある。このような地域の生態構造は，民俗学や文化人類学などをはじめ広い分野で使用されているKJ法のベースともなった考え方である。すなわち，諸要素の因果関係に注目すると，地域の特徴ばかりでなく，地域が抱える問題点の要点を整理して引き出すことも可能である。

このように地理学における地域構造には2つの側面があるが，それはそもそも，地理学が地域を捉える視点（**地域的観点**）に2つの側面があることと大いに関連している。地域的観点とは別の表現を使うならば，地域の性格を考察する視点ともいえる。そして地域の性格を考察するとは，地域に内在する構造（システム）を明らかにするということである。

19世紀末から20世紀初期のドイツの地理学者ヘットナーは，その地域に内在する構造（システム）が異なった2つの側面をもつことを指摘した。すなわち，(1) 同じ事象にみられる空間的な多様性と，これら多様な諸地点間にみられる空間的な結びつき，(2) 同じ地域に存在する多様な諸事象間にみられる相互の結びつき，である。つまり地域的観点には，研究対象としての地域に，空間的な構造（システム）を見出そうとする視点（**空間的観点**）

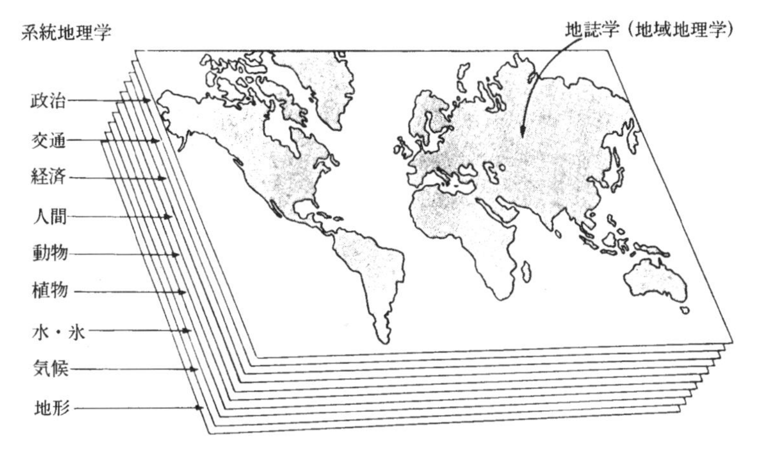

図 20.1　ヘットナーによる地理学の 2 つの視点
（手塚，1991）

と，生態的な構造（システム）を見出そうとする視点（**生態的観点**）という 2 つの視点が含まれている。地理学では，前者のような地域の見方を**系統地理学**的アプローチ，後者を**地誌学**的アプローチという。この両アプローチを 1 枚の図に表現したのが図 20.1 である。この図によると，地理学の研究対象はこうした世界地図の層であり，個々の事象について側方から考察するのが系統地理学的アプローチであり，個々の地域について上方から各層を串刺しにするように考察するのが地誌学的アプローチである。要するに研究方法としての前者は，特定の事象について多数の地域のデータを分析するのに対して，後者は特定の地域について多数の事象のデータを分析するということである。通常，地理学的研究といった場合，どちらに重きを置くかはさまざまであるが，この 2 つのアプローチを併用しながら遂行するものである。

(2) 地域が変化するとは

地理学は地域の性格を考察する学問である。それゆえ**地域変化**も，地理学でもっともよく扱われる研究テーマである。なぜなら，地域はつねに変化しており，地域のどのような性格も瞬時に形成されるわけではなく，時間的幅をもって形成されるからである。

地域とは，一定の空間領域で諸要素が結合し，作用し合って関連をもち，全体としてのまとまり，すなわちシステムを形づくっている現実の現象と考えることができる。このような**地域システム**は，位置・環境的サブシステムと社会・経済・文化的サブシステム，さらに変化に対する意思決定の主体である人間集団からなる複合体と捉えられる（図 20.2）。

位置・環境的サブシステムには立地上の特質と場所的特性とがある。立地上の特質とは，より大きい空間スケールにおけるその地域の相対的な位置づけ（東京からの距離とか県内における中心性など）のことであり，場所的特性とは，その地域自体が有する固有な環境条件（地形，気候，土壌，資源など）である。これらは地域変化にとってのポテンシャルといえるが，それは地域変化を引き起こす可能性という意味と，地域変化を妨げる規定条件という意味の両方を含んでいる。

社会・経済・文化的サブシステムとは文字通り，人間がその地域でどのような社会を形成し，どのような経済を営み，どのような文化を有するかということである。占拠形態とは，それらが地表空間の利用形態として目に見える形で表出したものである一方，占拠様式とは，それらに内在する目に見えない構造や仕組み，ふるまいのようなものだといえる。すなわち，図 20.2 に則して解釈するならば，地域変化とは，位置・環境的サブシステムをポテンシャルとしながら，人間社会が意思決定をすることで，社会・経済・文化的サブシステムとしての占拠形態や占拠様式が変化することである。

より具体的にいえば，地域変化とはまず，地域システムが何らかのインパクトを受け，次に，人間集団の評価を得て変化が始まり，さらに，位置・環境的サブシステムと社会・経済・文化的サブシステムとの相互作用を経て，それらの関係が新しく樹立されることである。このような変化の契機は，経済や政策の変化といった外部からのインパクトによってもたらされることが多いが，地域内で発生する場合もある。実際には，外部的要請と内部的必要性が合致した場合に，地域変化の契機が受容される。そして，地域変化にともなう新しい関係の樹立は，**地域サクセッション**とよばれる。とくに人間社会の場合には，イノベーション（革新）の受容が次々と発生し，各要素やサブシステム間の関係は絶えず変化している。

ある地域内に居住する人間社会集団は，何らかの経済活動を行い，その他の基本的な生存機能を果たす。現在の社会では，集落などのスケールで人間社会集団の機能が完結する例はほとんどみられないが，かつての地域システムは閉鎖システム

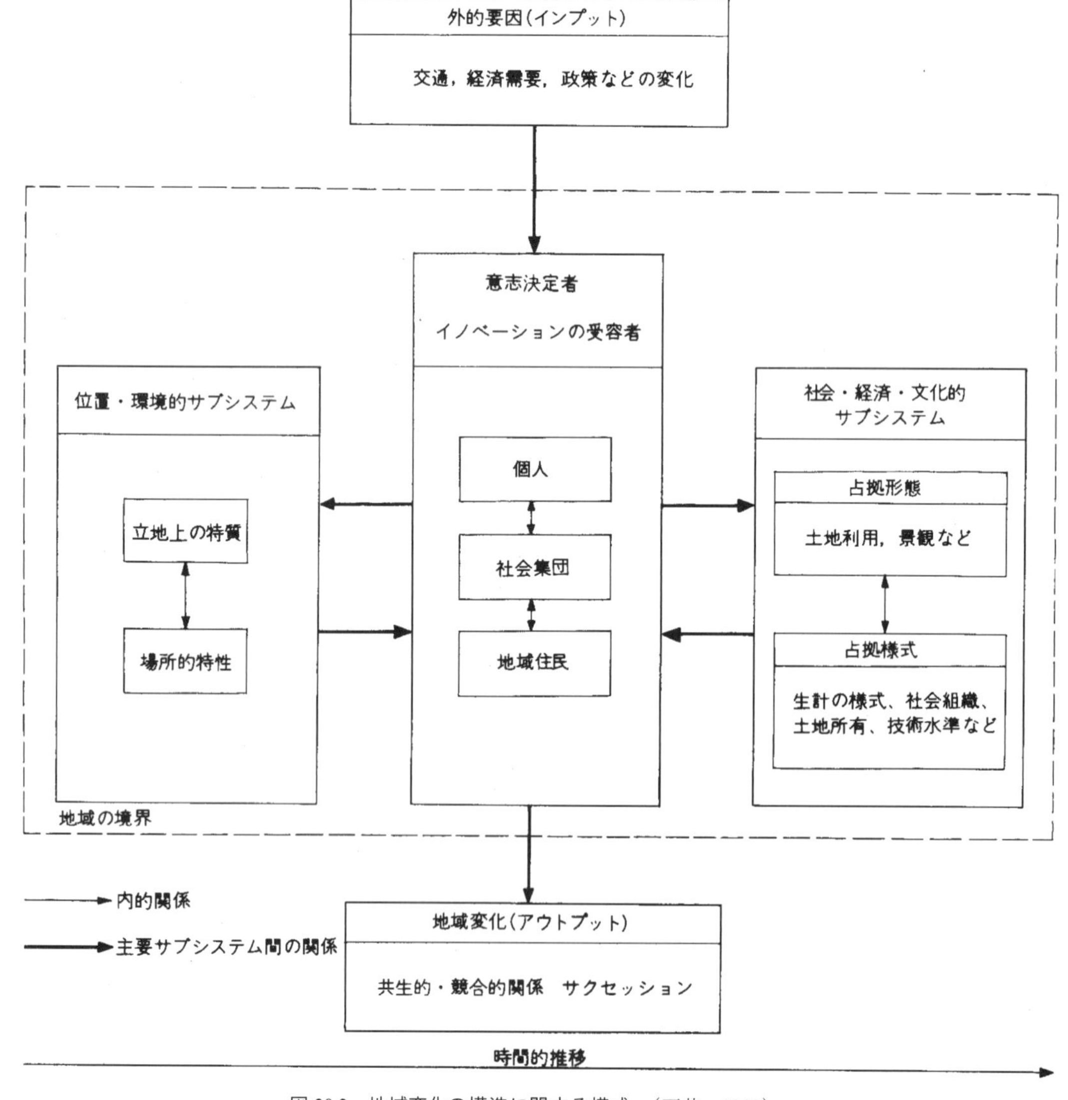

図 **20.2**　地域変化の構造に関する模式　（石井，1992）

的な性格が強かった。地域の人間社会集団が，ある時代に，彼らの機能を合理的に遂行するためにつくりあげた社会組織，土地利用，景観といった**地域の基本構造**は，彼らの生活様式が変わった後にも残存しやすい。外部からのインパクトやイノベーションの受容により地域が変化する際には，この地域の基本構造が，新しい発展を規制する条件にもなりうる。地域の変化を考察する際には，歴史的発展過程に照らし合わせつつ，地域を動態的に観察する必要がある。

地域変化の具体的事例として，20 世紀における大阪の都市化によって，水環境や水利用がどのように変化したのかについてみてみよう。

図 20.3 は，大阪市とその周辺部における水域（灰色部）の変化を示したものである。1927 年当時，北は堂島川，南は道頓堀川，東は大阪城，西は木津川に囲まれた大阪の都心部には，藩政期に運輸・交通の要衝として活躍した掘割がほぼ残存している。しかしながら 1967 年には，道路の新設・拡幅にともなう埋立てによって都心部の掘割はほとんど消滅しており，2001 年において残存しているのは道頓堀川と東横堀川の一部のみとなっている。

一方，郊外に目を向けると，1927 年当時には，灌漑用水路が縦横に張り巡らされ，南部にはため池も数多くみられた。しかし 1967 年までに，周辺の農地の市街地化が進展した結果，用水路網やため池の多くが消滅していった。

また，大阪では明治期以来，繊維・機械・化学工業が発達し多くの工場・事業所が集積した。これらの産業は用水型産業といわれ，生産工程において大量の水を必要とする。大阪では従来から，工業用水源としては無償である地下水が利用されており，過剰取水による地下水位の低下や地盤沈下が問題となった。それに対して，淀川の表流水を水源とする工業用水道が建設されるとともに，地下水取水規制に関する法整備も行われた。これらによって，原則として工業用の地下水取水が禁止され，工業用水道への移行が義務づけられた。

1927年

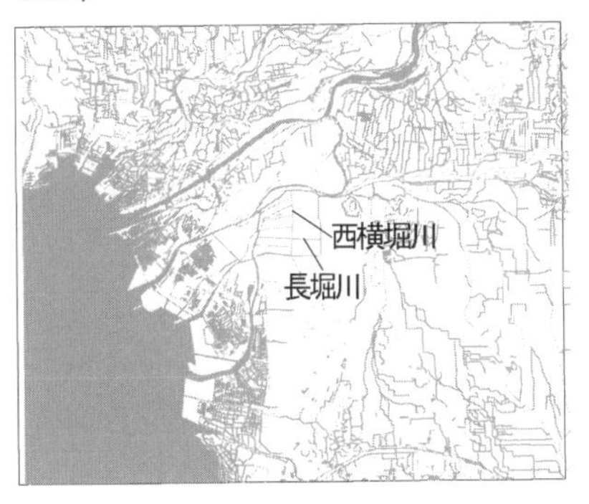

1967年

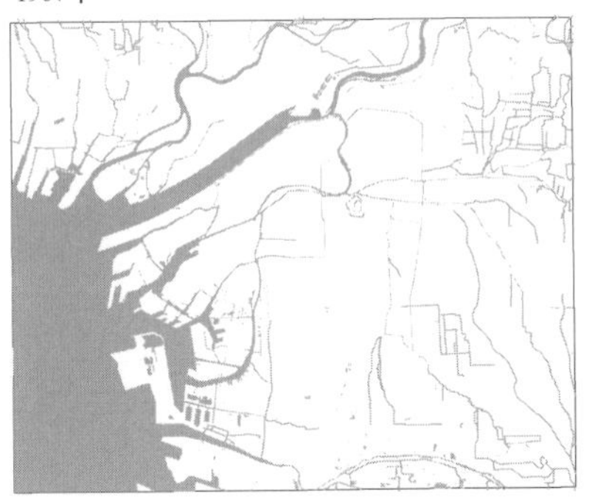

2001年

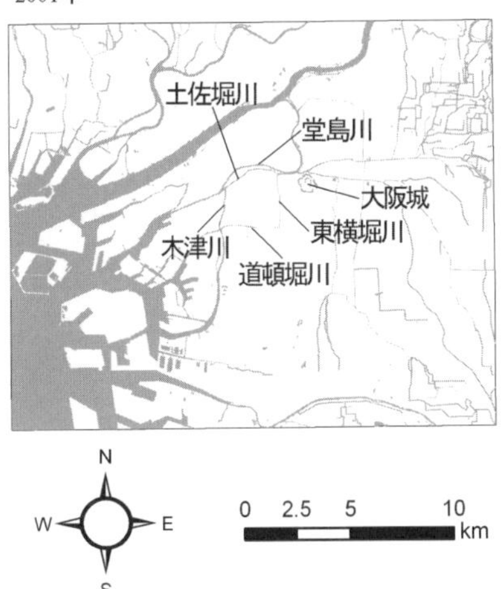

図 20.3　大阪市とその周辺部の水域分布（**1927, 1967, 2001** 年）　（加藤・山下，2011）

しかしながら，工業用水道は有償であるため，これを契機に工場の移転や用水の循環利用が進み，用水使用量そのものが減少した。

このように人と水とのかかわりは，占拠形態としても占拠様式としても，さまざまな要因によって時代とともに変化し続けている。

■コラム

オーストラリアの都市

オーストラリア最大の都市は人口482万人を数えるシドニーである（2016年）。シドニーに次ぐ第2の人口（449万人）を数える都市はメルボルンである。さらには，ブリスベン（227万人），パース（194万人），アデレード（130万人）の各都市の成長も著しい。観光地として名高いゴールドコーストは，5大都市に次ぐ人口6位（62万人）の都市であり，首都キャンベラは人口約39万人で国内8位である。タスマニア州の州都であるホバートの人口は20万人で12位，日本人観光客も多く訪れる北東部のケアンズは人口13万人で15位，北部準州の中心都市ダーウィンの人口は11万人で16位である。

オーストラリアの主要な都市は，北部準州の内陸都市であるアリススプリングスと首都のキャンベラを除けばすべて海岸に面している（図1）。とくに，ブリスベンの北側のサンシャインコーストからメルボルンにかけての一帯には人口規模上位10都市のうちパースとアデレードを除く8都市が集中している。大陸東部は温暖湿潤気候に恵まれており，温かい気候を求めてイギリスやアイルランド，さらにはニュージーランドから高齢者がロングステイに訪れる。また，オーストラリア国内においても，退職後に東部の温暖な土地に移住する者も多い。

オーストラリアの主要な都市のほとんどが温帯地域に位置している（図2）。オーストラリア大陸の存在は，16世紀後半に東南アジア地域を頻繁に訪れたオランダの東インド会社によって知られていた。17世紀には何人ものオランダ人の探検家が大陸を一周したとの記録はあるが，東インド会社が当時求めていた金や銀のほか，香辛料などがみつからなかったために，オーストラリアには興味が示されなかったのではないかと推察される。

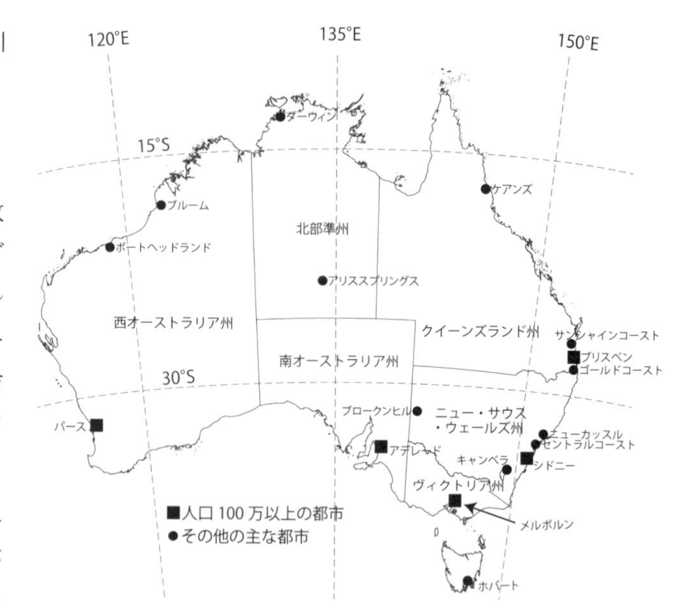

図1　オーストラリアのおもな都市　（堤，2018）

その後，ジョン・ハリソン制作の機械式時計を手に入れたイギリス人のジェームズ・クック船長は，船を南半球に走らせ，1770年についにオーストラリアを「発見」した。このときに上陸した地点は現在のシドニー空港近くのボタニー湾であった。イギリスは1788年にオーストラリアを植民地化したが，クック船長がたまたま発見した場所が，オーストラリアで最も過ごしやすい温暖湿潤気候のシドニーではなかったとしたら，現在のようなオーストラリアができあがっていたかはわからない。

こうした主要都市を除けば，残りは広大な農村地帯のなかに数10 kmおきに人口数100～数1,000程度の中小都市が点在するのがオーストラリアの都市の分布の特徴である。主要な道路（ハイウェイ）が交差する地点では，ニューサウスウェールズ州のブロークンヒル（Broken Hill，人口17,709人，2016年）やビクトリア州のホーシャム（Horsham，人口16,252人，2016年）のように，内陸の農村地帯においてひときわ中心性の高い中規模都市もみられる。そのほか，乾燥の激しい砂漠のど真ん中においても，金・銀・銅やダ

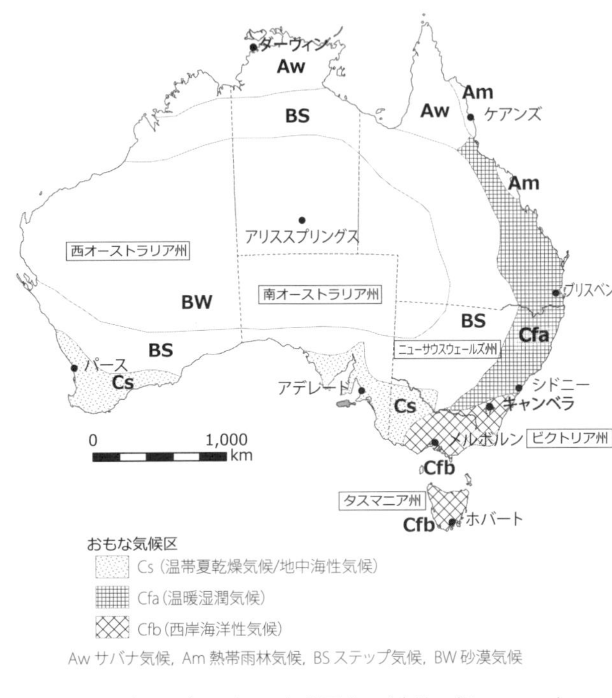

図 2　オーストラリアの気候区分　（宮崎・樋口，2018）

イヤモンド，亜鉛やレアメタルなどの鉱脈がみつかった場合は，鉱業開発に特化した町が形成される。これらの町の電気・水・ガスといったライフラインは近郊の大都市または中規模都市から引っ張ってくるのである（図 3）。こうした「鉱山集落」は，鉱産資源が豊富な大陸西部のウェスタンオーストラリア州や大陸北東部のクインズランド州に多い。なかでも最大のものはウェスタンオーストラリア州のピルバラ地区の鉄鉱石鉱山の集落である。鉄鉱石の鉱脈は，インド洋に面した港町であるポートヘッドランドやダンピアなどの町から 500 km ほど内陸部にある。1960 年代に開発を始めた当時の人口は，ピルバラ地区全体で 3,000 人にも満たなかったが，鉄鉱石積み出しのための専用鉄道が敷設され，内陸の鉱山集落で働く人のためのさまざまな施設が整備された結果，現在ではピルバラ地区全体で 5 万人を超す人々が「鉱山集落」に暮らしている。その他にも，アデレードからアリススプリングスを通りダーウィンにかけて大陸を縦断するルートがある。道路だけでなく鉄道も開かれたこのルートには，一定の距離ごとに小都市が連なっている。ここはオーストラリアにとって開拓当初から，また現在でも通信と運搬の主要なルートであるため，人々の往来と通信を確保する保守点検に従事する人が暮らしている。こうした小都市のなかには，人口が 10 人以下という極小の都市があるのも，オーストラリアらしい特徴である。

図 3　南オーストラリア州の鉱山集落　（2014 年 9 月）

第Ⅶ部　地球環境学の課題

第21章　温暖化で地球環境システムが変わる

(1) 地球温暖化による気候システムの変化

地球の長い歴史のなかで，現在の世界の気候は急激な変化の真っ只中にある。18世紀から19世紀にかけて起こった産業革命以降，人類は化石燃料の使用などを通して，地球環境に大きな影響を及ぼしてきた。なかでも，大気中の二酸化炭素濃度の上昇により，地上気温が世界的に上昇する地球温暖化が進行している。1957年にキーリング博士がハワイのマウナロア山頂観測を開始した当初は，315 ppm程度であった二酸化炭素濃度が，2018年には408 ppmを超えた。世界中の気温観測のデータを収集すると，19世紀後半と比較して，世界全体で平均した地上気温は，2017年現在で1.1℃上昇した（図21.1）。地球温暖化の兆候は，地上気温だけでなく，海洋の貯熱量の増加，**海洋酸性化**，海面上昇，積雪や海氷面積の減少，高緯度域の永久凍土の融解，成層圏の気温の変化などにも表れており，生態系や人々の生活のさまざまな側面に影響を及ぼしている。

世界で起こりうる今後の気候変化の予測には，世界各国の研究機関で開発された**大気海洋結合モデル**が用いられる。天気予報の場合，数値予報モデルで最新の大気の状態を仮定し，その時間発展を追うことで，数時間後，数日後の気象を予報する（**初期値問題**）。これに対し，気候変化予測では気候システムの外部境界条件が変化する様子を仮定して，境界条件によって強制された数十年から百年後の気候の長期的な変化傾向を予測する（**境界値問題**）。これまでに生じた気候の変化，および今後の変化予測に関する研究成果は，数年ごとに発表されるIPCC（気候変動に関する政府間パネル）のレポートにまとめられている（第Ⅰ部コラム参照）。今後の世界的な社会経済がたどるシナリオを数種類仮定すると，現状の化石燃料の消費を続けた場合は，世界の平均気温は21世紀末までに2.6～4.8℃，温暖化対策を進めた場合は0.3～1.7℃上昇すると予測されている。

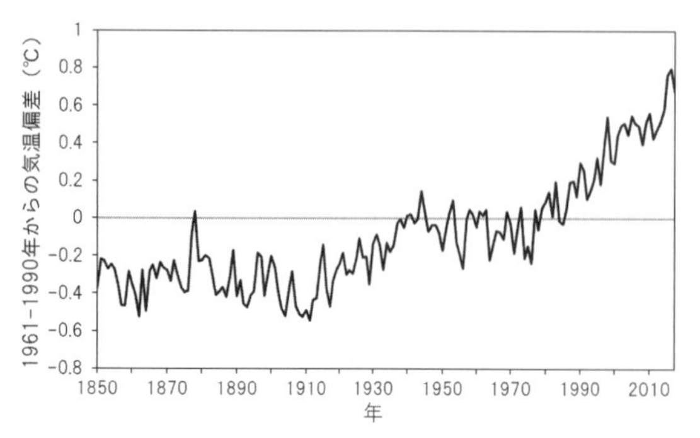

図21.1　1850年から2017年までの世界平均気温観測データ（英国ハドレーセンター提供）の1961～1990年平均からの偏差（℃）

地域によっては，世界平均よりも大きな気温上昇が予測されている（図21.2）。海上では蒸発によって大気への熱輸送の大部分が賄われる一方で，陸上では蒸発に使われる水の量に限りがあり，また熱容量も小さい。そのため，地球温暖化時には，海上よりも陸上の気温が大きく上昇する。また，極域でも大きな気温上昇が予測されており，**極域温暖化増幅**と呼ばれる。その要因として，雪氷が太陽光をよく反射し，また，低い熱伝導率をもつという性質が挙げられる。気温上昇時に雪や海氷が減少すると，より多くの太陽光が地球表面で吸収されるようになり，気温はさらに上昇する。また，海氷は大気と海洋の熱交換を妨げるはたらきをもつが，極域の海氷が減少すると，比較的暖かい海水が大気に直接さらされることになり，極

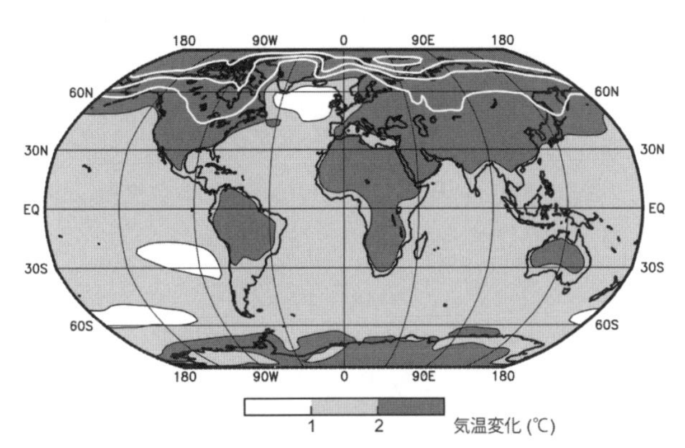

図 21.2　IPCC 第五次評価報告書に向けて実施された，24 種類の大気海洋結合モデルによる 21 世紀末の地上気温の変化の予測の一例（20 世紀末からの差，℃）
白線は 3，4，5，6℃を示す．

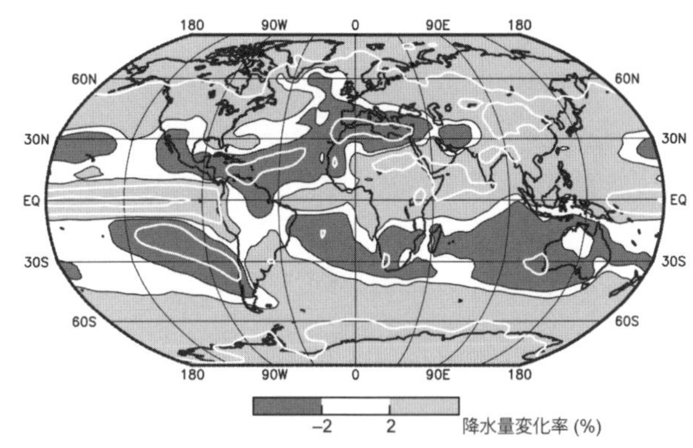

図 21.3　21 世紀末の降水量の変化率の予測（%）

域の気温は大きく上昇する。それに対し，低緯度では蒸発によって地上の熱が効率よく上方へ運ばれるため，高緯度に比べると地上の昇温は抑えられる。結果として，地上気温の上昇は低緯度ほど小さく，高緯度ほど大きくなる。

大気中に存在する水蒸気の量は，地球上に存在する水の総量と比べてきわめて少なく，地上から蒸発した水蒸気は平均して 8 日間しか大気中に留まることができない。そのため，世界の降水量分布の変化を予測するうえでは，大気中を移動する水蒸気の振舞いが鍵となる。世界全体で平均すると，気温の上昇とともに飽和水蒸気圧が上昇する（**クラウジウス･クラペイロンの関係**）ことによって，降水量は増加すると考えられる。ただし，地域による差が大きく，赤道太平洋のように降水量の多い地域ではより降水が増え，降水量が少ない亜熱帯では減少するという二極化が生じる（図 21.3）。気温が大きく上昇する高緯度も，水蒸気量の増加のために大きな降水量増加が予測されている。熱帯の海域を詳しくみると，中央・東部太平洋のように，他よりも海面水温の上昇が大きい地域で降水量が大きく増加し，西部太平洋のように昇温の小さい地域では降水量が増加しにくい。これは，海面水温が大きく上昇する地域では，大気の不安定化を通して降水が大きく増加する一方で，水温上昇の小さい地域ではその補償下降流が生じ，降水量の増加を抑えるためである。

日本をはじめ，中緯度における寒候期の降雪は，地上に到達する前に融けて雨滴に変わりやすくなるため，地上に届く雪の量は減少する。ただし，気温が十分に低い高緯度では，多少の温度上昇では融けず，水蒸気量が大きく増加するため，降雪量は増加すると考えられている。土壌水分量は，降水量が大きく増加する地域を除き，蒸発量が全体的に増加することで，多くの地域で減少すると考えられる。河川流量は降水量の変化に対応し，北半球高緯度やアジアモンスーン域を含む多くの湿潤地域で増加し，地中海沿岸と西ヨーロッパ，北米南西部，アフリカ南部などで減少が見込まれる。ただし実際の将来の流量は，取水やダム建設のような人々の活動によっても大きく左右される。

(2)　地球温暖化と異常気象

地球温暖化の進行により，気温や降水量など，気候の長期平均値が変化するだけでなく，豪雨やそれにともなう洪水，干ばつのような自然災害（第 22 章参照）が増える地域もありうる。豪雨が生じたとき，一度に降る総雨量は，地球温暖化が進行するにつれて大きく増加する。これは，飽和水蒸気圧の上昇によって，大気がより多くの水蒸気を含みやすくなることで，強い対流が生じた際に凝結する水蒸気の量も大きく増加するためである。また，平均気温の上昇に従って，熱波の発生頻度も増えると考えられる。これらの極端な現象の変化傾向は，世界の一部の地域ではすでに確認されている。陸上のほとんどの地域では，寒い日の頻度が減り，猛暑や熱帯夜の頻度が増加している。また，ヨーロッパ，アジア，オーストラリアの大部分では，熱波の頻度や継続時間の増加が報告されている。豪雨の頻度や強度の変化は，年によるばらつきが大きいため，気温の変化傾向ほど明瞭でない。

日本を襲う台風をはじめ，地球温暖化時の熱帯低気圧の数や強度の変化についての研究は多い。現状では，全体的に発生数が減少する一方で，災害に直結するような強い熱帯低気圧は増加する，とする研究が多いものの，いまだはっきりとした結論は得られていない。

異常気象は，仮に気候の変化が生じていなくても，自然本来のゆらぎとしてまれに発生するため，個別の異常気象イベントが地球温暖化によるものか否かを判断することはむずかしい。一方で，近年の世界各地における主要な極端イベントについては，その発現に対する地球温暖化の寄与が系統的に検証されている。それによると，極端な高温の多くの事例には，地球温暖化がその発現確率を大きく上げていたことが報告されている。また，豪雨や干ばつなど降水にかかわる異常気象には，その年のエルニーニョ・ラニーニャの発達や，大気のゆらぎに起因するものが多く，地球温暖化の影響がほとんど確認されない事例も存在する。

(3) 地球温暖化と地形変化

極域温暖化増幅のある高緯度をはじめとして，温暖化によって地表の状態が顕著に変化しているのが氷河や永久凍土などが存在する雪氷圏である。なかでも目に見えて大きく縮小しているのが山岳地の氷河である。そもそも北半球温帯で顕著だった 14 ～ 19 世紀の寒冷期（**小氷期**）ののち，世界各地で氷河は縮小傾向にあった。多くの地域で，その縮小速度が 1990 年代以降に増加した（図 21.4）。山岳地では，氷河の消失によって支えを失った急斜面がしばしば崩壊する。また，小氷期に拡大した氷河がその末端に堆積させた土砂の高まり（モレーン）と現在縮小中の氷河の間に，氷河湖が形成されることがある。そうした氷河湖はまれに決壊し，下流に突発的な洪水をもたらす。

ツンドラやタイガ地帯では，永久凍土の温度が上昇している。永久凍土の大部分は，氷河と異なり，気温が上昇しても非常にゆっくりとしか融けないが，河岸・海岸の侵食や森林火災などによって地表面状態が急変すると急激に融解が進む。低地の永久凍土は，しばしば氷層や氷塊を多量に含み，融解すると地表が陥没する。そうした陥没の発生頻度が，ここ数十年間に増したという報告もある。ヨーロッパアルプスでは 21 世紀に入ってから，高山帯の急斜面に発する落石や土石流が多数報告されており，氷を含んでいる地盤が温暖化で緩んだためと考えられている。

温暖化にともなって降水量が変化すると予測されているが，その影響は緯度に関係なく地形に及

図 **21.4**　モルテラッチュ氷河（スイス）の縮小
1980 年に氷河の下端があった付近から，2008 年と 2018 年に撮影した．

ぶ。湿潤化した場合, 山間地では, 崩壊・地すべり・土石流の発生頻度が増加し, 河川は氾濫しやすくなる。一方, 乾燥化が進んでも, それによって植被が失われると土壌侵食が生じやすくなる。また, 20世紀中に進行した海面上昇は, 今後も続くと考えられ, 波の到達範囲が広がることで砂浜や軟岩からなる海食崖の侵食が進むと予測されている。

(4) 生態系や人間活動への影響

気候のあらゆる側面に変化が生じた結果, 生態系や人々の生活にさまざまな影響が生じる。たとえば, 稲は, 出穂後に高温にさらされることで, 粒が白濁し（白未熟粒), 品質が低下する恐れがある。作物の収量や品質を保つためには, 作物種や品種の変更, 植え付け・刈り入れ時期の変更が与儀なくされる。病原菌の媒介となる熱帯の蚊が日本に進出することで, **デング熱**の感染域が拡大する恐れがあるなど, 病虫害の影響も大きい。高山帯のように, 微妙なバランスによって保たれている生態系は, 気候変化に対して脆弱である。たとえばヨーロッパアルプスでは, 永久凍土帯の下限の標高が上昇し, 高山帯の植物分布域の拡大や移動など, 生態系に直接的に影響を与えている。アメリカ中西部や地中海沿岸, アマゾンでは, 土壌の乾燥化が予測されており, 現地の農業や生態系に多大な影響を及ぼす可能性がある。

高山帯や寒冷域では融雪流出の早期化が生じ, 早春の洪水リスクが高まるとともに, 初夏（灌漑期）の水不足が懸念される。また, 仮に豪雨の頻度が増えていけば, そこでの土砂災害や洪水のリスクは高まるだろう。海面上昇によって, 東南アジアから南アジアのメガデルタ地帯や島嶼地域などで高潮による水害の危険性が高まり, また沿岸域の地下水へ塩水が侵入し淡水資源が脅かされる恐れがある。

なお, 大気中二酸化炭素濃度の上昇によって, 作物の生育が促進されることや, 海氷融解によって北極海航路が利用できるようになるなど, 地球温暖化が人々の生活や経済にとってよい方向にはたらく側面もある。

第22章　激甚災害とその予測

(1) 自然災害の分類

自然災害とは, **異常な自然現象**（natural hazard）を原因とする災害を指し, 人的過失・事故等を発端とする社会災害と区別される。洪水や山崩れといった言葉はdisasterとhazardの両方の意味で用いられるが, 人間社会に被害が生じないかぎり災害とはみなされない。**ハザードマップ**（hazard map：災害予測図）は, 自然災害の危険度や避難情報等を地図化したもので, 過去に起きた災害実績を踏まえて, 今後起きうる災害を想定して作成される。よく知られたものに洪水ハザードマップがあるが, そのほかにも土砂災害・火山・地震などに関するものがある。

国際的な災害データベースEM-DAT（https://www.emdat.be/）では, 各種の自然災害を地震（津波を含む), 山崩れ, 火山活動, 熱波 / 寒波, 濃霧, 暴風雨, 洪水, 土石流・雪崩, 高波, 干ばつ, 氷河湖決壊, 林野火災, 疫病, 虫害, 獣害, 天体衝突, および宇宙天気（太陽フレア・磁気嵐など）の計17種に分類している。これらは複合的に発生することも多いため画一的な分類はむずかしい側面もあるが, 統計的に処理して世界的な災害発生傾向を俯瞰するためには有用な分類である。

図22.1は, 世界全体の経済損失推定額の経年変化（1986～2015年）と災害種別ごとの内訳を示す。全体として損失額が増加している傾向は読みとれるが, 単一の巨大災害による損失が突出しており, 年ごとの変動がかなり大きい。たとえば,

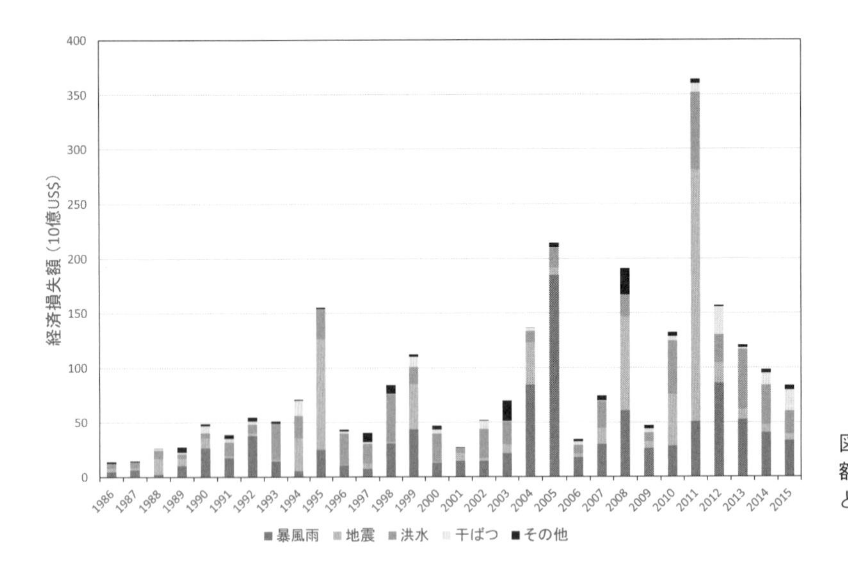

図 **22.1**　世界全体の経済損失推定額の経年変化（**1986 ～ 2015** 年）と災害種別ごとの内訳（CRED『EM-DAT』による）

東日本大震災が起きた2011年の経済損失推定額は世界全体としても過去最大（3640億US$）であったが，その約6割は東北地方太平洋沖地震によるものである。また，1995年の兵庫県南部地震，2005年のハリケーン・リタおよびカトリーナ，および2008年の四川大地震なども，その年の損失額を大きく増大させている。一方，洪水は，暴風雨や地震と比較して単一災害による損失規模は小さく年々の変動も相対的に小さいが，発生数が多いため世界全体の損失規模は大きい。

30年間の被害総額では，暴風雨（1兆US$）が最も大きく，地震（7,146億US$），洪水（6,572億US$），そして干ばつ（1,367億US$）がこれに次ぐ。一方，30年間の被災者延べ数でみると，干ばつ（31.5億人）が最も多く，次いで洪水（20.3億人），暴風雨（8.7億人），および地震（1.6億人）が多い。これら規模の大きな自然災害のうち，地震は地球内部に原因があるが，洪水・干ばつ・暴風雨は地球表層における大気循環・水循環の変調に起因している。そして，第21章で述べたように，地球温暖化の進行にともなってそれらの頻度や強度が増す恐れがある。本章では，水が多すぎることに起因する災害として豪雨・洪水・山崩れを取り上げ，それらの発生メカニズムや特徴ついて述べる。一方，水が少なすぎる災害である干ばつなどについては第23章で触れる。

(2) 豪雨・豪雪

モンスーンアジア特有の豪雨・**豪雪**が毎年，日本を襲い，土砂・雪崩災害を引き起こす。いずれも，海洋上から多量な水蒸気が供給されることと，同一地域で多量の降水（第5章）が継続することが特徴的である。温暖化の進行により，極端な気象の頻度が変化する可能性もある（第21章）。豪雨は梅雨期や台風接近時に発生しやすく，同じ場所に長時間降りつづく**集中豪雨**と，数十分といった短時間で狭域に発生する**局地的大雨**が解説用語として多く用いられる。卓越風向に面した山岳斜面で発生することも多いが，**線状降水帯**や**バックビルディング型**の積乱雲群がメソスケールで任意の地域に降水を集中させたり，**梅雨前線**の停滞や海洋上の台風活動といった総観規模での下層水蒸気の集中も豪雨の要因となる（図22.2）。近年，梅雨がないとされる北海道でも，台風や停滞前線の北上で大雨が生じる場合があり，自然災害に注意が必要だ。一方，冬季のシベリアからの冷たく乾燥した空気は，北西の季節風によって日本海上を通過する際に，暖流（対馬海流）から大量の熱と水蒸気が供給される（**気団変質**）。水蒸気は脊梁山脈に沿って上昇し，山岳域に大雪をもたらす。

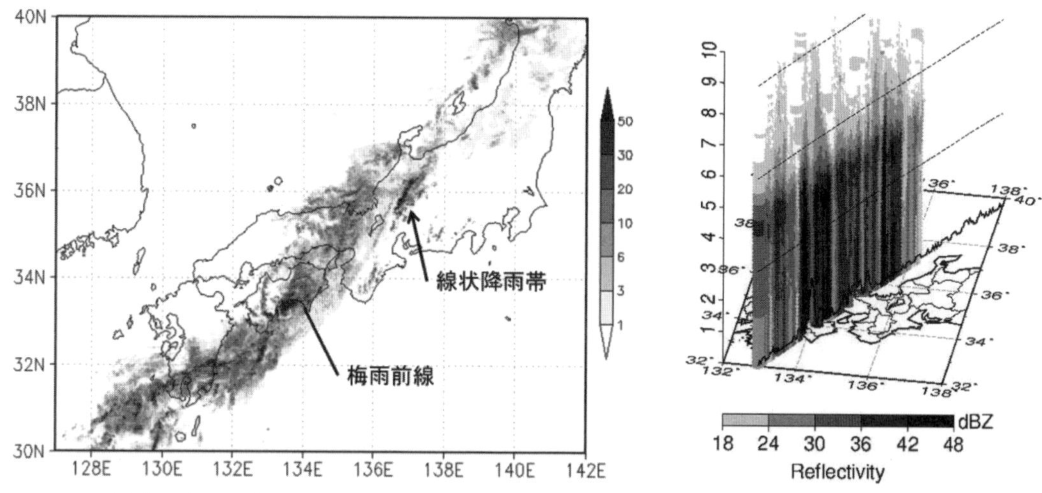

図22.2　平成30年7月豪雨時の降水分布　（データ提供：気象庁，JAXA，作図：澤田壮弘）
左）7月7日9時40分の地上気象レーダー画像.
右）同日9時38分にGPM降水観測衛星によって得られた左図梅雨前線に沿った降水反射強度の鉛直断面.

強い冬型にともなう**日本海寒帯気団収束帯**の形成や，寒気団内で発生する小低気圧，上空の**寒冷渦**通過は平野部に大雪をもたらすことがある。一方，太平洋側でも南岸低気圧通過時に大雪が生じることがあり，**Cold-air damming**や**沿岸前線**といった地形の影響を受けた局所的効果がはたらく場合もある。大雪は，水・観光資源として活用される一方，雪崩・交通障害・農林業への被害など，社会生活への影響も大きい。

気象庁は，5～14日後の天候（気温や降雪量）が異常を示す可能性に関して，**異常天候早期警戒情報**を出して注意を呼びかけている。さらに，大雨・暴風・大雪・高潮などの現象について，府県単位の予報区の気象要素に応じた基準で特別警報・警報・注意報を防災気象情報として提供している。いずれも，判断基準となる気象要素は数値予報により推定され，予報結果の幅を把握し精度を向上させるために**アンサンブル予報**や観測データの同化といった計算技術が駆使されている。それでも，「いつ・どこで」集中豪雨が発生するかを予測するのはきわめて困難である。そこで，現時点での観測値を広範囲で収集・公開し，1時間先の天気変化を早く判断するための**ナウキャスト**が活用されている。たとえば，高解像度降水ナウキャストでは，近傍の雨域の動きを5分単位で把握することが可能で，雷雲の接近や天候の急変を現場で把握できる利点がある。同時に，マルチパラメーターレーダーの整備など，より正確な降水強度の把握にむけた遠隔測定技術が進展している。気象庁は**土砂災害警戒情報**も提供しているが，これにはメッシュごとに計算される土壌雨量指数などの予報値が考慮されており，気象要素のみで情報が出されるわけではない。これらの情報をもとに，各行政や社会組織単位で避難指示が発令されるため，極端現象の発生要因と予報メカニズムの理解は重要である。

(3) 洪水

洪水（flood）は，前項で述べたような激しい降水，あるいは残雪期の急激な融雪などによって，河川の流量が異常に増える現象である。ときには，河川敷や堤防を超えて水が溢れ（溢水），建物に浸水被害をもたらすことがあり，これを**外水氾濫**とよぶ。一方，都市などで，集中豪雨によって排水機能を上回る量の雨水がもたらされたときに，地下街や道路などが浸水することを**内水氾濫**とよ

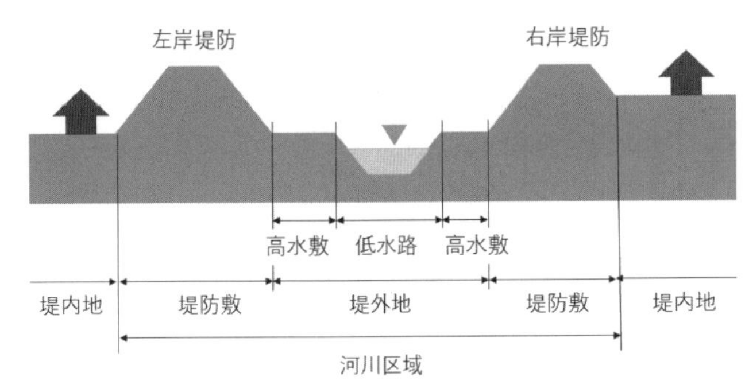

図 22.3　一般的な河川断面
河川の流下方向は紙面の表から裏とする．

ぶ。いずれの呼称も，堤防に挟まれた河川側を「**堤外地**」，居住地がある人々の生活の場を「**堤内地**」とよぶことに由来する（図 22.3）。外水氾濫と内水氾濫のいずれも，降水量が過多になったときに発生し，ときには建造物を損壊したり，人命に危険をもたらすことがあるが，両者では成因も対策も大きく異なる。

外水氾濫は，河川の流下能力以上の流水が，堤外地に流れ込むことによって生じ，その対策は，河川に設置したダム，堤防，堰などの治水設備を運用して，河川流量を制御することによって行われる。「**流出モデル**」によって，流域の降水量から河川への流出量を求める。最新の流出モデルでは，アメダスなどの地上雨量計ネットワークやマルチパラメーターレーダなどによって観測される，流域内の降水量の面的な分布を用いて，流出量の面的な高速シミュレーションが可能になっている。発生間隔が 50 年あるいは 30 年に一度などと想定される豪雨に対して，流出モデルによるシミュレーションを行うことによって，想定される河川流量を計算し，これを河川構造物の設計や，被害想定の作成などに用いている。

一方，内水氾濫は，近年多発する都市での局地的大雨などの際に，雨水用の下水設備の能力以上の降水があったときに下水が溢れ，あるいはアスファルト上に降った雨が排水できず地下街などに流れ込むなどの被害をもたらす。都市においては，大規模な設備を地上につくることは不可能なので，大規模なトンネルなどの排水設備や貯水設備を地下に設置したり，道路を透水性舗装にすることによって，雨水用下水への負担を軽減する方策がある。内水氾濫の予測は，雨水下水管内の流れの流体シミュレーションによって行われる。

外水氾濫，内水氾濫のいずれの場合でも，想定される最も強い豪雨によってもたらされる水害を，人為的な力で完全に防ぐことは，現時点では技術的に不可能である。そのため，被害を最小限にとどめるための方策として，「ソフト面」での対策の充実が必要となる。近年の災害事例においては，行政から住民への的確な情報伝達や，それに基づく迅速な避難手段の確保などが，解決すべき課題となっている。市民レベル，市町村の行政レベルでの，平常時からの訓練や，啓蒙活動などがその解決方法として考えられている。

(4) 土砂災害

山崩れ（slope failure, landslide）は，毎年のように台風や梅雨前線による豪雨により各地で発生し，多くの被害をもたらしている。山崩れは，一般には天変地異の類であると考えられがちであるが，地形学的時間スケールでは，むしろ山地の地形変化を引き起こす代表的な地形プロセスである。

山崩れは，その形態・規模に応じて，第 12 章で述べた表層崩壊，地すべり，**深層崩壊**に分けられる。地すべりは，土塊がゆっくりと移動することが多く，移動開始後の避難が可能なので，大きな災害をともなうことは少ない。これに対し，表層崩壊や深層崩壊は斜面が急激に崩れるため大きな災害になることが多い。

豪雨中には，表層崩壊が同時多発的に発生し，その結果水を多く含んだ崩土が流動化して谷を流れ下り，大きな被害を引き起こすことがある。これを**土石流**（debris flow）という。図 22.4 は，1999 年 12 月に発生したベネズエラ豪雨災害にともなう土石流である。上流で発生した多数の表層崩壊の崩土は土石流化して，下流の扇状地を襲い，多く

図 22.4　ベネズエラ，サン・ジュリアン川における土石流災害

の家屋を倒壊させ，3 万人以上の人的被害をもたらした。

表層崩壊や土石流の発生を予知することは，土砂災害を防止するうえでとても重要である。表層崩壊が土石流の引き金になる場合は，それまでの積算雨量が多く，かつ短時間雨量が大きいことが多い。多くの調査事例を解析した結果，表層崩壊は雨の最も強い時間帯に発生することが判明した。このような事例研究をもとに，長時間の雨量を示す指標（気象庁の土壌雨量指数，国土交通省の実効雨量など）と短時間（たとえば 1 時間）降雨強度の組み合わせで危険雨量を設定している。現在，土砂災害警戒情報はこのような実測雨量指標に加え，予測雨量の推定値も加えて発表されている。

これに対し深層崩壊は，岩盤まで含んだ山地斜面が崩れる現象をいう。2011 年 9 月に紀伊山地において，累積雨量 700 mm を超える集中豪雨によって深層崩壊が 50 カ所以上で発生し，一般にも注目されるようになった。図 22.5 は，昭和 36 年災害にともなう大西山崩れ（長野県）である。この災害は，集中豪雨が去った翌日の晴天時に突然発生した。深層崩壊は，基盤岩中に浸透した水が山体内での地下水位を引き上げた結果，地盤が不安定になって発生すると考えられている。このような深層崩壊は，降雨から遅れて大規模に発生するため大きな災害になりやすいが，まだその予測法は確立していない。現在，通常時の地下水位の変化や渓流水の流量の変化を観測して，深層崩壊を予知する試みが行われている。

地震も，崩壊発生の引き金として重要である。1923 年の関東大地震の際に，丹沢山地では表層崩壊が多発した。地震にともなう表層崩壊は，水の集まりやすい谷部よりは，むしろ尾根部分で起こりやすい。近年では，2008 年 6 月に発生した岩手・宮城内陸地震や 2018 年 9 月に発生した北海道胆振東部地震において，多くの表層崩壊，深層崩壊，地すべりが発生した。

図 22.5　深層崩壊の例　（伊那谷 1961 年災害）

第23章　水不足で生じる諸問題

(1) 水不足の本質

第8章で述べたように，水惑星とも呼ばれる地球には約 1.4×10^9 km^3 もの水が存在するが，その97.5%は海水などの塩水であり，膨大なコストをかけて脱塩しない限り水資源としての価値はない。また，淡水の大部分は極域の氷床・氷山として存在しており，比較的容易に利用できる河川や湖沼の淡水は地球上の水の0.007%にしかすぎない。これは，20世紀末における世界全体の水使用量（3.76×10^3 km^3/年）で単純計算するとおよそ26年で消費されてしまう量であるが，実際にはそのような短期間で水資源が枯渇することはない。自然界の水循環によって常に更新されているためである。

水循環によって更新される，最大限利用可能な水資源の量を**水資源賦存量**という。これは，降水量から蒸発散量を差し引くことで求められ，河川水や地下水として陸から海へと流出していく水量ともいえる。地球上の陸域全体で考えると，水資源賦存量は約 42.6×10^3 km^3/年であり，人類による年間水使用量よりも一桁大きい。しかしながら，降水量や蒸発散量は地域によって大きく異なり，水資源賦存量の分布は地理的に偏りがある。加えて，河川流量は時間的に変動するため，時期によっては水供給が水需要を下回ることもある。いずれにしても，水という資源が時間的・空間的に遍在していることに**水不足**（water shortage, water scarcity）の根源がある。そして，水の需要もまた時間的・空間的に遍在しており，需要と供給の時空間的なミスマッチが水不足に拍車をかけている。

図23.1は，人口1,000万人以上の国々について年間一人あたりの水資源賦存量と水使用量の関係を示す。カナダは一人あたりの水資源が豊富で使用量も比較的多い。アメリカの水使用量はカナダとほぼ同水準であるが，賦存量は1/9程度しかな

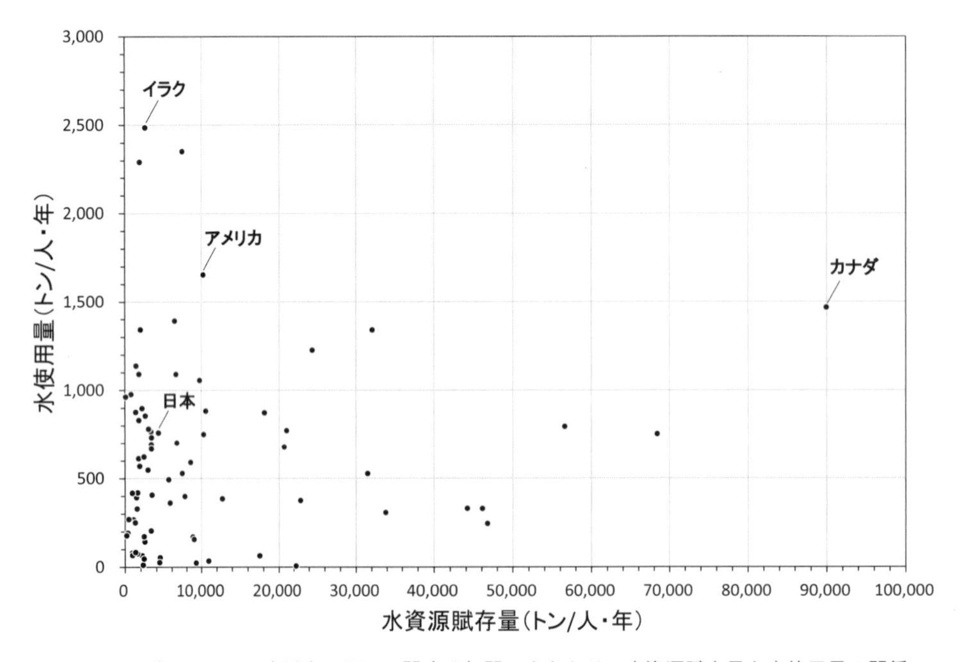

図23.1　人口1,000万人以上の国々に関する年間一人あたりの水資源賦存量と水使用量の関係
（ブラック，M・キング，J., 2010の掲載データを用いて作成）

く，水資源の余剰分が少ない。一方，イラクでは賦存量と使用量がほぼ拮抗し，水不足のリスクがきわめて高い。日本では比較的降水量が多いが，人口も多いため，一人あたり水資源賦存量はアメリカの 1/3 程度でしかない。しかし，アメリカほど水を浪費するライフスタイルではないため，使用量は 1/2 程度である。その結果，賦存量と使用量の比はアメリカでおよそ 1：6，日本では 1：5 と比較的近く，水不足のリスクも概ね同程度と考えられる。

日本では，1964 年（東京オリンピック渇水），1967 年（長崎渇水），1973 年（高松渇水），1978 年（福岡渇水）などに大規模な渇水が発生し，1994 年（列島渇水）には全国で約 1,600 万人が断水などの影響を受け，農作物の被害は約 1,400 億円に達したと推計されている。これらの年は平年よりも降水量が少なく，いわゆる**干ばつ**の状態にあった。干ばつは世界中どこでも生じる可能性があり，それによる被災者数は他のあらゆる自然災害よりも多い（第 22 章参照）。そして，砂漠化の進行とも相まって深刻な問題となっている。

以下では，干ばつと砂漠化について概説したのち，水不足とかかわりの深い**公衆衛生**（public health, sanitaion）の問題や災害時の水不足について述べる。

(2) 干ばつ

「干ばつ」という言葉は一般に「水不足が連続して発生している状態」を指すが，その定義は時代や地域によって異なり，一律の基準でその深刻さを表現することはむずかしい。たとえば，降水量が少ない砂漠は常に干ばつであることになるが，それによる被害は必ずしも大きくはない。なぜなら，もともと降水量の少ない地域ではその気候に適応した生態系や社会システムが形成されており，水需要が大きくないためである。したがって，各地域の気候の平均状態からの偏差やその累積状況として干ばつの深刻さを評価する必要がある。

こうした考えから生み出されたのが**干ばつ指数**（drought index）である。干ばつ指数は，降水量や気温，河川流量，地下水位，ダム水位などの**干ばつ指標**（drought indicator）をもとに計算される数値であり，長期的かつ異常な水不足の積算結果を適切に表現できるように工夫されている。その代表例は**パルマー干ばつ指数**（Palmer draught severity index：PDSI）であり，干ばつの察知・現状把握・分析および**早期警戒**（early warning）などに用いられるほか，農産物の先物取引市場などでも参考にされている。

PDSI は，比較的単純な 2 層の土壌水収支モデルによって算出される。図 23.2 に，モンゴル南

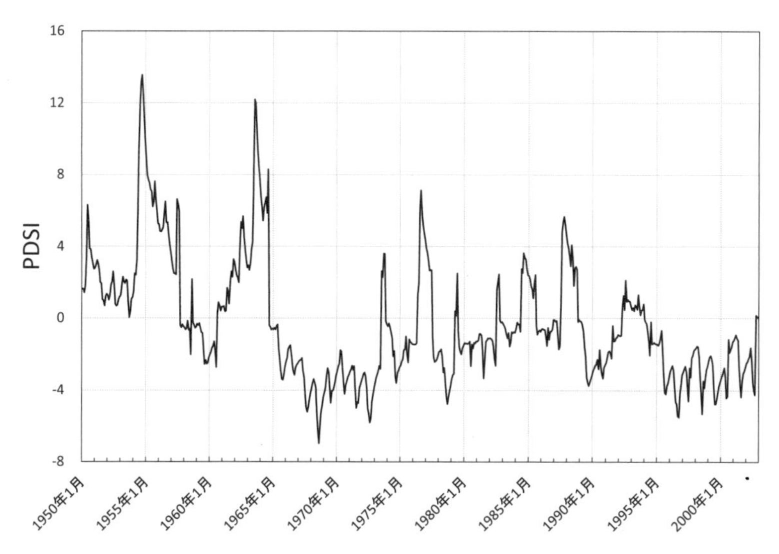

図 23.2　モンゴル南部におけるパルマー干ばつ指数（**PDSI**）の経年変化
（鈴木・山中，2004 を一部改変）

部における計算例を示す。1960年代までは湿潤（PDSI ＞ 0）な期間が多いが，その後一転して乾燥傾向が強まり，1967～1972年の6年間と1995～2003年の9年間は厳しい干ばつ（PDSI ≦ − 4）が夏季に発生した。こうした夏季の干ばつによる牧草の欠乏と冬季の異常な積雪・寒波が重なると家畜の大量斃死が起こる。現地ではこうした寒雪害を「ゾド」と呼んでいる。

PDSIの他にもさまざまな干ばつ指数があるが，それらについては世界気象機関（WMO）・世界水パートナーシップ（GWP）などが共同でハンドブックを作成して公開している*。

* http://www.droughtmanagement.info/literature/GWP_Handbook_of_Drought_Indicators_and_Indices_2016.pdf

(3) 砂漠化

「砂漠化」とは，もともと砂漠の拡大現象を指す用語であったが，1977年に開かれた国連砂漠化会議において「人間活動を主要因とする，乾燥，半乾燥，半湿潤地域における，土地の生産力の減退ないし破壊」と定義された。この会議は1960年代末から1970年代にかけて急速に進行したアフリカ・サヘル地域（サハラ砂漠の南縁）における環境変化を契機として開催されたものであるが，その原因としては過耕作（焼畑を含む）・過剰灌漑・過放牧・過伐採などの人間活動が重視された。その後，国連環境開発会議（1992年）や砂漠化対処条約（1994年）などを通じて，砂漠化の定義は「乾燥，半乾燥，ならびに乾燥半湿潤地域における種々の要素（気候変動および人間の活動を含む）に起因する土地荒廃」に変化した。

実際，サヘルの砂漠化の進行に人間活動が直接的な影響をもたらしたことは事実であるが，その背景として図23.3に示されるような極端な少雨状態の継続，すなわち干ばつが生じていた点は無視できない。言い換えれば，砂漠化は自然要因と人為要因の複合産物である。

土地荒廃の具体的プロセスとしては，侵食や塩類集積による土壌の物理的・化学的性状の変化が重要であり，それらによって自然植生が失われ，長期的に回復不能な状態となる。こうしたプロセスは，もとから植生がほとんど存在しない極乾燥の砂漠では重要でないが，その周縁部において破壊的な環境変化をもたらす可能性がある。アメリカ合衆国農務省（USDA）が公開している世界の砂漠化脆弱性マップ**によれば，サヘル地域の他に，中央アジア，中近東，アメリカ北部，オーストラリア，アフリカ南部において砂漠化の危険性が高い。

** https://www.nrcs.usda.gov/wps/portal/nrcs/detail/national/nedc/training/soil/?cid=nrcs142p2_054003

上記の地域と比較して面積的には狭いものの，中国北部（ゴビ砂漠南縁）の黄土高原においても砂漠化が進行している。これは，遊牧民の定住化による農地の拡大と過放牧に端を発したものである。中国政府は「退耕還林政策」（耕地を減らし森林に還す）などを講じて砂漠化の進行と土砂の流亡を防ごうとしており，一部で成果があがりつつあるが，植林によって地下水位が低下するなどの新たな問題も発生している。土地と水の管理の失敗が古代文明崩壊の一因であったとの見方があるが，現代においてもなおむずかしい課題である。

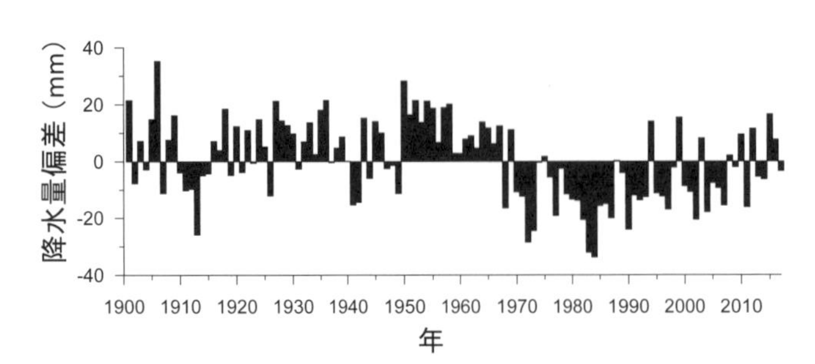

図23.3　アフリカ・サヘル地域における雨季の降水量偏差の経年変化
（ワシントン大学JISAOによるSahel Precipitation Index（doi:10.6069/H5MW2F2Q））

(4) 水不足と公衆衛生

2015年に国連が定めた**持続可能な開発目標**（Sustainable Development Goals：SDGs）では，17の目標の6番目として「すべての人々に水と衛生へのアクセスと持続可能な管理を確保する」ことが掲げられている。その背景には，世界人口の40％以上が水不足の影響を受けており，水使用量が水資源賦存量を上回る流域に17億人以上が居住しているという事実がある。加えて，少なくとも18億人が排泄物で汚染された水源を飲用水に利用しており，水質と衛生状態の悪さに起因する（本来予防できたはずの）下痢性疾患によって，毎日1,000人ほどの子どもたちが命を落としていることが報告されている。水資源が十分であれば，そうした子どもたちも安全な水を飲み，健康な生活をおくることができたかもしれないが，良質な水が不足しているがために，不衛生な環境で生活せざるをえない現実がある。

世界の人口は着実に増えつづけ，2015年には73億を超えた。食糧増産のために耕地面積は増加し，それにともなう灌漑用水量も増えている。また，生活水準の向上にともなう生活用水の増加などもあり，水の需要は確実に増えつづけている。つまり，水不足のリスクは年々高まっている。しかも，地域によっては地球温暖化などの気候変動がさらに追い打ちをかける可能性がある。一方で，社会や技術の変革によって水不足と公衆衛生の問題を克服しようとする動きも着実に進展している。

国連がSDGsに先立って定めた**ミレニアム開発目標**（Millennium Development Goals：MDGs）では「改良された飲料水源を利用できない人の割合を2015年までに半減させる」ことがターゲットの一つとされていたが，国際社会の努力によって2010年時点で達成された。もっとも，改良されたとはいえ，いまだに18億人の飲料水源が汚染されていることは看過できないが，**政府開発援助**（Official Development Assistance：ODA）などにより開発途上国の水事情と公衆衛生は改善されつつある。

また，汚水を浄化する**水処理**（water treatment）技術の進展にも目をみはるものがある。とりわけ精密ろ過膜や逆浸透膜などを利用した膜処理の技術は進展が著しく，水の再利用効率を高めたり，海水を淡水化したりすることによって，とくに乾燥地域における水不足の軽減に貢献できる水準にまで達している。

(5) 災害時の水不足

ダム建設などの水源開発によって，わが国では特異な干ばつ年を除けば給水制限がかかることは少なくなった。また，上下水道や水洗トイレの普及によって公衆衛生も飛躍的に向上した。それゆえ，世界で問題視されている水不足は，日本ではそれほど深刻に受け止められていない。しかし，自然災害が発生すると状況は一変する。

2011年3月に起きた東日本大震災では，地震・津波による住居への損害以上に水が手に入らないことが困ったとの声も多く聞かれた。そうした事態は，震動や地盤の液状化による水道管の破損等によって生じたものであり，水資源の不足によるものではないが，生活用水が不足するという点で様相は酷似している。平成30年7月豪雨でも，浄水施設の冠水・埋没あるいは送水ポンプの停止などにより中国・四国地方の1万戸以上で断水が生じ，浸水・土砂災害による衛生状態の悪化が強く懸念された。

災害時のライフラインの確保は喫緊の課題であり，水の供給はまさに命綱といえる。そうしたことから，各家庭や事業所に防災井戸を設置するケースが増えつつある。また，自治体によってはそうした井戸を**災害時協力井戸**として事前に登録しておき，災害時の共助を推進しているところもある。飲用するには保健所での検査が必要であるが，臨時の雑用水として利用価値は高く，災害に対するレジリエンス向上の観点からも今後の利用体制の整備・強化が望まれている。

第24章　人口増加と自然災害

(1) 急激な人口増加

産業革命以来，世界の人口は爆発的に増加してきた。その影響は，食糧・水・エネルギーなど資源の不足，過度な森林伐採や放牧による環境破壊などの地球規模での対策が必要な問題や，災害危険度の高い地域での過剰な住宅開発のような生活を脅かしかねない問題に表れている。本章では，過去100年の間に急激な**人口増加**を経験しているオーストラリアを取り上げ，急激な人口増加が地球環境に与える影響，そして地球環境の変動が人間社会に与える影響を考えてみたい。

オーストラリア全土の人口は2016年の国勢調査によれば約2,340万人である。イギリスの植民地時代を終え，オーストラリア連邦が成立した1901年にはわずか379万人，第二次大戦後の1949年には791万人しかおらず，オーストラリアの白豪主義（オーストラリアは白人労働者の国にすべきという国の方針）末期にあたる1969年には1,226万人にすぎなかった。1970年代中盤に白豪主義が事実上撤廃され，アジア諸国からの移民が急増した結果，1989年には人口は1,681万人に達した。2000年以降でみても，毎年30万〜35万人のペースで人口が増加し続けている（平均して年1.5%以上の増加率）。増えた移民の多くは，シドニー，メルボルン，ブリスベン，パース，アデレードといった上位の5**大都市圏**に居住している。大陸全土という広大な国土に比べれば2,340万人という総人口はそれほど多くないが，急拡大する人口に追いつかないインフラ整備，都市交通の慢性的な混雑，主要道路の大渋滞，たびたび起こる停電，局地的大雨による都市型水害など，課題は山積している。

(2) 頻発するブッシュファイアー

オーストラリアでは，夏の最も暑い時季に，地球上で最も雨の少ない気団の影響を受ける。平年より雨の少ない年の夏はとくに高温・乾燥になりやすく，**ブッシュファイアー**（森林火災）の危険性と隣り合わせである。結果的に，人口密集地のあちこちでブッシュファイアーに悩まされている。

一例を挙げると，2003年1月8日にキャンベラで発生し8日間燃え続けたブッシュファイアーでは，死者こそ4名にとどまったが，530戸の家と16万ヘクタールの山林が焼き尽くされた。キャンベラの北西郊外の山林への落雷を原因として発生したブッシュファイアーは，高温，乾燥のなか，さらに北西からの強風にあおられてキャンベラの市街地の目と鼻の先まで迫る事態となった。

ブッシュファイアーの危険性がとくに高まるのは，エル・ニーニョが顕著なときである。オーストラリアではエル・ニーニョはほぼ3〜8年の周期で起こり，ひとたびこの現象が発生すると，オーストラリアは深刻な干ばつに見舞われることが多い。エル・ニーニョにより南米沿岸の海水温が平年より高くなると，オーストラリア周辺の海水温との差が小さくなる。このことは，海水温だけの変化にとどまらず，地球上の大気の大循環にも大きな影響を及ぼす（第7章参照）。

詳しくみると，エル・ニーニョに見舞われた年には，貿易風が弱まり，また海流も弱くなる結果，オーストラリアの東海岸の海水温が結果的に平年よりも低い状態となる。海水温が低いと，雨をもたらす上昇気流が起こりにくく，平年では雨には比較的恵まれている東海岸一帯の雨が少なくなる。その結果，深刻な干ばつが随所で発生する。大気の異常な乾燥が続くと，南東部の森林地帯ではブッシュファイアーの危険性が高まる。この南東部の森林地帯は，シドニー〜キャンベラ〜メルボルンといったオーストラリアで最も人口が密集する地帯である。このように，ブッシュファイアーは，オーストラリアでは最も身近で起こりうる自然災害といえる。

ブッシュファイアーの危険性が高い地域は，季節によって変動する。これは，南半球の場合，春(9月）と秋（3 月）には亜熱帯高圧帯は南緯 20° ～ 30° 付近にあるが，地球が太陽の周りを公転する間に，その位置が季節変動するからである。具体的には，春（9 月）と秋（3 月）には赤道（緯度 0°）で最も太陽からの日射量が多く，そこから緯度が相対的に 20° ～ 30° 南に亜熱帯高圧帯がある。ところが，夏（12 月）には南回帰線の付近で最も日射量が多く，そこからさらに 20° ～ 30° 南の南緯 40° ～ 55° 付近が南半球の夏季の亜熱帯高圧帯に相当する。逆に冬（6 月）は，北回帰線の付近が太陽からの日射量が多くなるため，亜熱帯高圧帯の位置は南緯 0° ～ 10° 付近となる。

図 24.1 はブッシュファイアーが頻発する時期を表している。南半球が夏を迎える 12 月末には，南回帰線の位置を基準として，そこから 20° ～ 30° 南側が亜熱帯高圧帯の影響を強く受ける。南緯 40° 前後のヴィクトリア州とタスマニア州では 1 ～ 3 月，少し低緯度側のニューサウスウェールズ州では 12 ～ 2 月，南回帰線の近くでは 9 ～ 12 月あたりが最も火災の危険性が高い。とくに，ブッシュファイアーの危険度が最も高い地域のなかに，オーストラリア最大のシドニーと第 2 位のメルボルンの 2 都市がすっぽり含まれている（図 24.2）。これらの地域では，人的被害も出るような大規模で深刻なブッシュファイアーが 3 年に 1 度程度の頻度で起こると見積もられている。今後，地球の平均気温が上がり，大気の流れや降水のパターンに影響が及んだ場合，オーストラリアでは干ばつの頻度が高まると予想される。人口密集地におけるブッシュファイアーの危険性も，ますます高まることが懸念される。

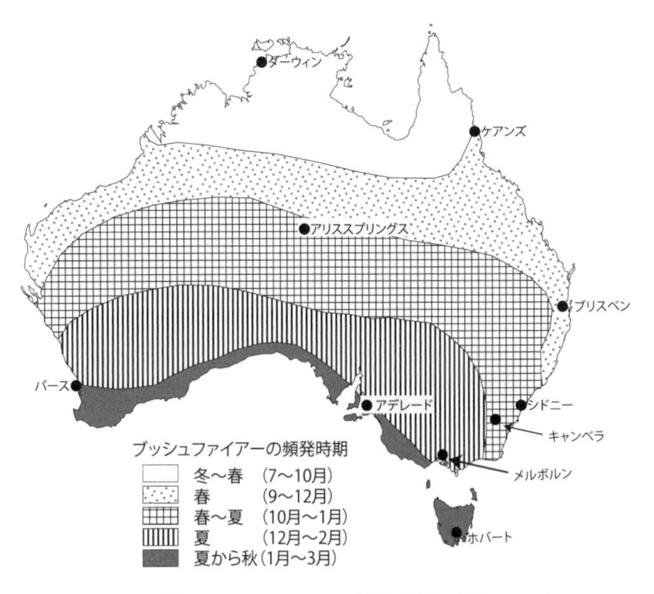

図 24.1　ブッシュファイアーの頻発時期（堤，2018）

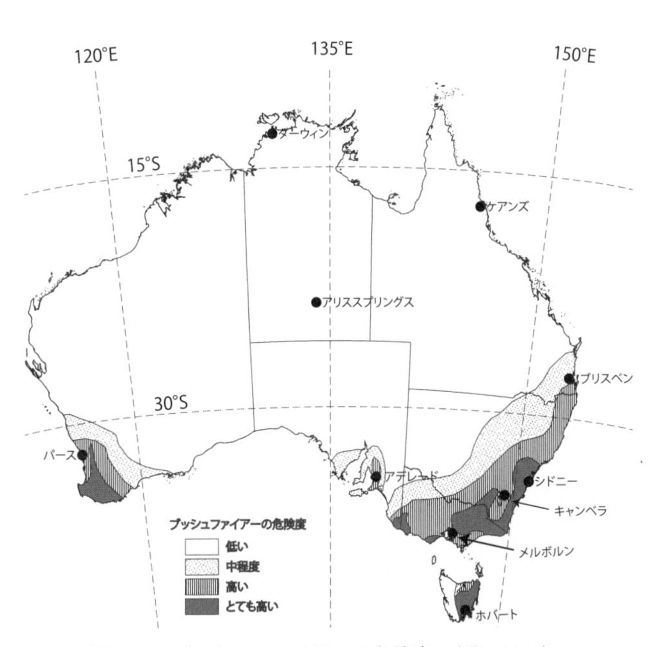

図 24.2　ブッシュファイアーの危険度（堤，2018）

(3)　災害と隣り合わせの人間生活

大都市部から郊外に車を走らせると，すぐに目につくのが図 24.3 のような，火災の危険度を示す看板である。平年並みの雨量がある年は，看板に設置された針は，火災の危険性が少ない緑色を指しているが，干ばつが続くような時季には針は一気に右側の赤にふれる。ここまで乾燥が進んだ場合は，ちょっとした不注意が大規模火災に発展

図 **24.3**　火災の危険度を示す看板
low, moderate（写真の状態）, high, very high, extreme の 5 段階が色で示されている.

してしまう危険性をはらんでいる。オーストラリア人が愛してやまないバーベキューをはじめ，タバコなど，火を使う行動は厳しく制限される。

オーストラリアでは，急激な人口増加のため，一般のサラリーマンが手頃な値段で住宅を購入することが年々むずかしくなってきている。そのため，大都市から鉄道や車で 1 時間以上かかる，森林の広がる郊外にまで住宅開発の波が押し寄せている。そこでは，平時には森の澄んだ空気を気軽に楽しめる一方で，干ばつのつづく年には常にブッシュファイアーの危険と隣り合わせになっている。こうした無計画に近い住宅開発は，持続可能な開発の理念からはほど遠いといわざるをえない。

また，都市型水害の危険性も増している。下水道および排水施設の能力を上回る大量の雨が，都市部に，かつ短時間に降った場合は，市街地の標高の低い部分が冠水する被害につながる。2000 年以降においても，メルボルンやブリスベンなどの大都市で深刻な洪水被害が発生した。資源ブームに後押しされて長期的な経済成長を続けるオーストラリアでは，大都市部を中心に急速な人口増加が続いている。居住にはあまり適さない河川沿岸や周囲より低い土地にまで住宅が建設された結果，集中豪雨の発生によって洪水の被害に遭うことは珍しくなくなっている。

第 25 章　持続可能な地球環境の構築にむけて

(1) 持続可能性とは

1987 年「環境と開発に関する世界委員会」は報告書“*Our Common Future*”で，持続的開発を「将来の人々がニーズを満足させる権利を奪うことなく，現世代の人々のニーズを満足させる開発」と定義して，その重要性を強調した。経済が発展しても，人口増大，環境汚染により地球環境が劣化してしまうことが現実味を帯びてきたからである。その後，1992 年の地球サミット，2002 年のヨハネスブルグ・サミットなどを通して，その実現に向けたさまざまな取り組みがなされている。

一般的に，**持続可能性**（sustainability）の対象は「環境」，「経済」，「社会」と考えられている。アメリカ科学アカデミーはこうした考え方を発展させ，「持続させるべきもの」，すなわち時代が変わっても守るべきものとして「自然」,「生命サポートシステム」，「共同体」を，「開発すべきもの」，すなわち進歩を目標とするものとして「人間」,「経済」，「社会」を挙げている（図 25.1）。

持続可能性の評価を客観的に行うためには，持続可能性の程度を定量化する必要がある。さまざまな国際機関が持続可能性を指標群（それぞれ数十から数百の個別指標から構成される）で表現し，その向上への努力を評価しようとしている。たとえば，人間が必要とする資源を生み出すのに必要な面積，あるいは廃棄物を同化するために必要な面積で表現するエコロジカル・フットプリントはその一例である。

持続可能性を評価する指標を作成するには，持続可能性を考える時間スケール（数十年, 数百年,

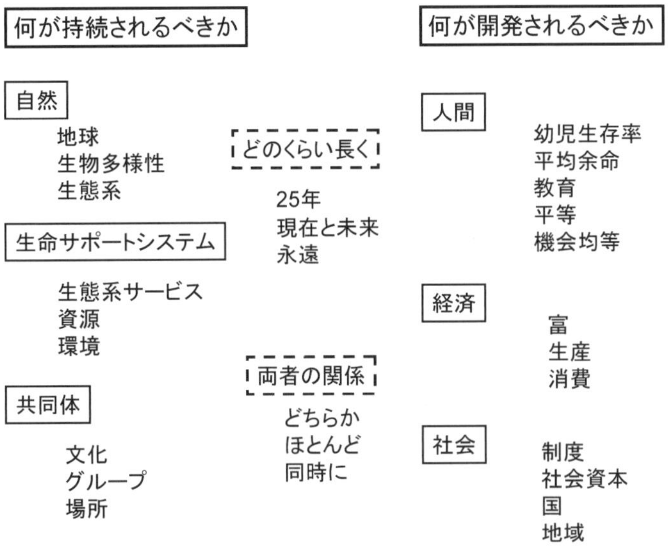

何が持続されるべきか

自然
地球
生物多様性
生態系

生命サポートシステム
生態系サービス
資源
環境

共同体
文化
グループ
場所

どのくらい長く
25年
現在と未来
永遠

両者の関係
どちらか
ほとんど
同時に

何が開発されるべきか

人間
幼児生存率
平均余命
教育
平等
機会均等

経済
富
生産
消費

社会
制度
社会資本
国
地域

図 **25.1**　持続可能性とは？
（U. S. National Research Council, 1999）

永遠，……），対象のシステム（図 25.1 の内容それぞれに対応），他のシステムとの関係（同時に，どちらか，……），などが問題となる。しかし，それぞれの機関，指標で考え方が異なっているので注意しなければならない。

(2) それぞれの分野での考え方と今後の課題

現在，さまざまな領域で持続可能性を冠した言葉，たとえばサスティナブル交通，サスティナブル農業が生み出されている。それらを，資源・環境，社会，産業，生活の 4 分野で整理したのが図 25.2 である。資源・環境と社会はそれぞれグローバル，ローカルな観点で持続可能性を論じる場合の基本視点である。一方，産業と生活は人間活動のなかで生産と消費に相当する部分を表している。

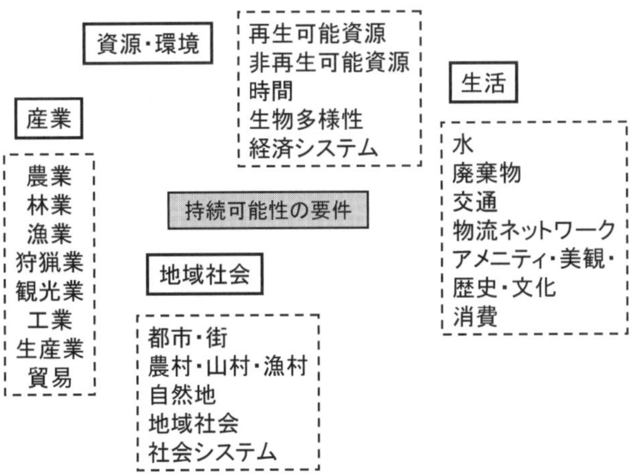

資源・環境の観点での持続可能性は，生態学の分野での基本モデルである個体数に関するロジスティックモデルをベースに表現されることが多い。

$$dN / dt = r\ (1 - N / K)\ N \qquad (25.1)$$

ここに，N はある生物の個体数，t は時間，r は増殖率であり，K は環境の収容力や**環境容量**（carrying capacity）とよばれている。N の値は最初は指数関数的に増加するが，ある時間を過ぎると最大値，すなわち K に漸近する（図 25.3）。こ

資源・環境
再生可能資源
非再生可能資源
時間
生物多様性
経済システム

産業
農業
林業
漁業
狩猟業
観光業
工業
生産業
貿易

持続可能性の要件

地域社会
都市・街
農村・山村・漁村
自然地
地域社会
社会システム

生活
水
廃棄物
交通
物流ネットワーク
アメニティ・美観・歴史・文化
消費

図 **25.2**　持続可能性の要件を考える視点

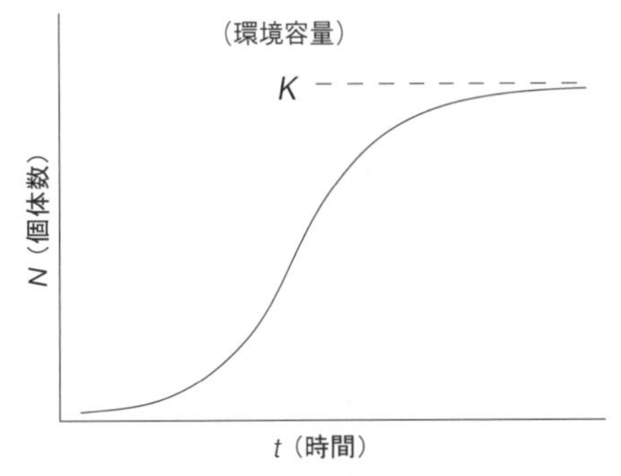

図 **25.3**　生物個体数に関するロジスティックモデル　（Odum, 1971）

の式のような簡単なモデルを用いて，島や湖にいるある生物の総数を表現した例が多数報告されている。このような N を予測する式で N がゼロになることは絶滅を意味し，持続可能性を高めるとは，時間がかなり経過した後にでも N がかなり大きいことに相当する。

式 25.1 の K を決定するものが資源である。資源には，土地，鉱物等のように新たに生み出すことができない**非再生可能型**（non‐renewable 型あるいはストック型）と農・林・水産物などのように毎年新たに生み出される**再生可能型**（renewable 型あるいはフロー型）があり，それぞれによって持続可能性を高める方策は異なる。非再生可能型ではリサイクル割合を増やすこと（土地を劣化させない，有用な金属を回収する，……），再生可能型では元となる生産システムを壊さないこと（魚を絶滅させない，森林を皆伐したままにしない，……）が基本戦略となる。

再生可能型の場合，式 25.1 の N を魚や森林を表す量と考え，p を比例定数（魚の場合では，漁に出る頻度と漁の効率の積に相当），人類の利用する分を pN とすると式 25.1 は式 25.2 のようになる。

$$dN / dt = r\,(1 - N / K)\,N - pN \qquad (25.2)$$

定常状態時には人間利用分は $pN = pK\,(r - p)\,/\,r$ となり，これは p を $r / 2$（あるいは N で表すと $K / 2$）にしたとき，最大値となる。これを水産の分野では**最大持続生産量**（MSY：maximum sustainable yield）とよんでいる。すなわち，適切な資源管理を行うと人間利用分を最大にできることを意味し，再生可能型資源利用の基本戦術となっている。なお，生態学では時間や生物多様性も資源として考える場合があり，これらを含めた場合の持続可能性はより複雑になる。

一方，社会の持続性を考える際には，地域の環境・生態系，経済に加えて，精神性や自立性も重要な評価軸となる。精神性とは地域へのこだわりを，自立性とは地域での資源調達と他地域の環境劣化を引き起こさないことを意味する。しかし，精神性や自立性を定量的に表現する手法は確立されていない。また，産業では，個別産業が発展するためには経済性と環境への配慮が基本的に必要とされている。そのため，資源の効率的利用，他地域の環境保全への寄与等が定量化されようとしている。しかし，個別産業に関する評価を統合し，さらに産業の全体構造を考える枠組みは現在のところない。生活要素の観点では，効率性，環境への配慮，生活の質の向上に加えて，独自性，倫理性がその評価に重要であるが，それらの定量化の試みは始まったばかりである。以上のように，持続可能性の概念，内容，指標は，現在，議論の真っ最中である。

(3) サスティナビリティサイエンスと地球環境

持続可能性を測定し，高める方策を考えるためには，現在の地球環境がどのようになっていて，それがどの程度危険な状態であるのか，ある地域社会において持続可能性を失わせる要因として何が最も危険性が高いのか，さらには人間活動と持続可能性の間にはどのような関係があるのか，といった問いに答えなくてはならない。こうした問題を科学的に考える新しい学問として**サスティナビリティサイエンス**があるが，まだ方法論をつくりあげている段階である。基本手法として，トレンド解析，特徴解析，脆弱性分析，知識システムなどを提案している研究機関もあるが，それらの一般性を今後高めてゆかなくてはならない。その際には（2）で述べたように，精神性や自立性，環境への配慮，といったことを定量化する方法と，地球上の人間活動全体の観点から個別の産業，社会，生活要素を評価する方法が望まれる。

参考図書

ここでは，学習を補うための一般的な入門書と，より詳しい知識を得るための参考書をあげる。現在入手可能な和書を中心に選んだが，なかには絶版の名著もあるので，図書館やインターネットを活用して入手されたい。なお，図表の出典については，引用文献リストに示す。

【第Ⅰ部】

第1章

『地球学入門 第2版―惑星地球と大気・海洋のシステム』，酒井治孝，東海大学出版会，2016.

『地球学入門』，鹿園直建，慶應義塾大学出版会，2006.

『地球環境キーワード事典』（5訂版），地球環境研究会，中央法規出版，2008.

『地球環境報告Ⅱ』，石　弘之，岩波新書，1998.

『自然地理学事典』，小池一之ほか編，朝倉書店，2017.

第2章

『地球学調査・解析の基礎』（地球学シリーズ3），上野健一・久田健一郎編，古今書院，2011.

『フィールドワーク入門』，市川健夫，古今書院，1985.

『卒論・修論のための自然地理学フィールド調査』，泉　岳樹・松山　洋，古今書院，2017.

『卒論作成マニュアル―よりよい地理学論文作成のために』，正井泰夫・小池一之編，古今書院，1994.

『実践と応用』（地理学講座6），中村和郎ほか，古今書院，1989.

『理科年表』，丸善，毎年度発行.

第3章

『はじめてのリモートセンシング』，山口　靖ほか監修，古今書院，2004.

『シリーズ人文地理学1 地理情報システム』，村山祐司編，朝倉書店，2005.

『シリーズ GIS 1 ～ 5』（全5巻），村山祐司・柴崎亮介編，朝倉書店，2008 ～ 2009.

『空間解析入門』，貞広幸雄・山田育穂・石川儀光編，朝倉書店，2018.

『地理情報科学―GIS スタンダード』，浅見泰司・矢野桂司・貞広幸雄・湯田ミノリ編，古今書院，2015.

『考古学のための GIS 入門』，金田明大ほか，古今書院，2001.

『環境と生態』（地理学講座3），斎藤　功ほか編，古今書院，1990.

『地理情報科学事典』，地理情報システム学会編，朝倉書店，2004.

【第Ⅱ部】

共通

『気候学・気象学辞典』，吉野正敏ほか編，二宮書店，1985.

『最新気象の事典』，和達清夫監修，東京堂出版，1993.

『気象ハンドブック』（第3版），新田　尚ほか編，朝倉書店，2005.

『雪氷学』，亀田貴雄・高橋修平，古今書院，2017.

第4章

『一般気象学』（第2版），小倉義光，東京大学出版会，1999.

『基礎気象学』，浅井冨雄ほか，朝倉書店，2000.

『教養の気象学』，日本気象学会教育と普及委員会編，朝倉書店，1980.

『偏西風の気象学』，田中　博，成山堂書店，2007.

『地球大気の科学』，田中　博，共立出版，2017.

第5章

『小気候』（新版），吉野正敏，地人書館，1986.

『局地気象学』，掘口郁夫ほか編，森北出版，2004.

『豪雨・豪雪の気象学』，吉崎正憲・加藤輝之，朝倉書店，2007.

『地表面に近い大気の科学』，近藤純正，東京大学出版会，2000.

第6章

『お天気の科学―気象災害から身を守るために』，小倉義光，森北出版，1994.

『気候システム論』，植田宏昭，筑波大学出版会，2012.

【第Ⅲ部】

共通
『水質用語事典』，三好康彦，オーム社，2003.
『陸水の事典』，日本陸水学会編，講談社，2006.
『水文科学』，筑波大学水文科学研究室，共立出版，2009.
『地下水用語集』，公益社団法人 日本地下水学会編，理工図書，2011.
『新版　水環境調査の基礎』，鈴木裕一・佐藤芳徳・安原正也・谷口智雅・李盛源，古今書院，2019.
第 8 章
『水文学総論』，山本荘毅編，共立出版，1972.
『水文学の基礎』，市川正巳，古今書院，1973.
『水の循環』，榧根　勇，共立出版，1973.
『水文学』（総観地理学講座 8），市川正巳編，朝倉書店，1990.
『地域分析のための熱・水収支水文学』，新井　正，古今書院，2004.
『地理的水文学の基礎』，ナップ B. J.（榧根　勇訳），朝倉書店，1982.
『水文地形学』，恩田裕一ほか編，古今書院，1996.
『地表面に近い大気の科学—理解と応用』，近藤純正，東京大学出版会，2000.
第 10 章
『地下水水質の基礎』，日本地下水学会編，理工図書，2000.
『水と水質環境の基礎知識』，武田育郎，オーム社，2001.
『温泉科学の最前線』，西村　進編，ナカニシヤ出版，2004.

【第Ⅳ部】

共通
『地形の辞典』，日本地形学連合編，朝倉書店，2017.
『建設技術者のための地形図読図入門』（全 4 巻），鈴木隆介，古今書院，1997 ～ 2004.
『日本列島の地形学』，太田陽子ほか編，東京大学出版会，2010.
『世界の地形』，貝塚爽平編，東京大学出版会，1997.
『発達史地形学』，貝塚爽平，東京大学出版会，1998.
第 11 章
『地形変化の科学—風化と侵食』，松倉公憲，朝倉書店，2008.
第 12 章
『地すべりと地質学』，藤田　崇編，古今書院，2002.
『山崩れ・地すべりの力学—地形プロセス学入門』，松倉公憲，筑波大学出版会，2008.
『技術者に必要な斜面崩壊の知識』，飯田智之，鹿島出版会，2012.
第 13 章
『一般地質学Ⅱ』，ホームズ A.（ホームズ D. L. 改訂，上田誠也ほか訳），東京大出版会，1984.
第 14 章
『第四紀』，町田　洋ほか編，朝倉書店，2003.
『氷河地形学』，岩田修二，東京大学出版会，2011.
『気候変動を理学する』，多田隆治，みすず書房，2013.
『雪と氷の事典』，日本雪氷学会監修，朝倉書店，2005.
コラム
『日本ジオパーク』ウェブサイト，http://www.geopark.jp/.

【第Ⅴ部】

共通
『人文地理学辞典』，山本正三ほか編，朝倉書店，1997.
『人文地理学事典』，人文地理学会編，丸善出版，2013.

『現代人文地理学の理論と実践―世界を読み解く地理学的思考』，ハバード P.（山本正三・菅野峰明訳），明石書店，2018.

第 15 章

『環境と生態』（地理学講座 3），斎藤　功ほか編，古今書院，1990.

『気候変化と人間――一万年の歴史』，鈴木秀夫，原書房，2000.

『環境地理学の視座―「自然と人間」関係学をめざして』，朴恵淑・野中健一，昭和堂，2003.

『森と文明』（講座文明と環境 9），安田喜憲・菅原　聡編，朝倉書店，1996.

第 16 章

『子ども世界の地図』，寺本　潔，地人書房，1988.

『都市のイメージ　新装版』，リンチ K.（丹下健三・富田玲子訳），岩波書店，2007.

『メンタルマップ入門』，中村　豊・岡本耕平，古今書院，1993.

『メンタルマップの現象学』，中村　豊，古今書院，2004.

『超越者と風土』，鈴木秀夫，大明堂，1976.

『トポフィリア―人間と環境』，トゥアン Y.（小野有五・阿部　一訳），せりか書房，1992.

『風土』，和辻哲郎，岩波書店，1935.

『風土学序説』，ベルク A.（篠田勝英訳），筑摩書房，1988.

第 17 章

『地域と景観』（地理学講座 4），中村和郎ほか，古今書院，1991.

【第Ⅵ部】

第 18 章

『人文地理学総論』（総観地理学講座 9），浮田典良編，朝倉書店，1984.

『地域概論』，木内信蔵，東京大学出版会，1968.

『地域と景観』（地理学講座 4），中村和郎ほか，古今書院，1991.

第 19 章

『ヨーロッパ』，ジョーダン＝ビチコフ T. G.・ジョーダン B. B.（山本正三ほか訳），二宮書店，2005.

『文化地理学入門』，高橋伸夫ほか，東洋書林，1995.

第 20 章

『地域と景観』（地理学講座 4），中村和郎ほか，古今書院，1991.

『地域変化とその構造―高度経済成長期の農山漁村』，石井英也，二宮書店，1992.

『アジアの都市と水環境』，谷口真人ほか編，古今書院，2011.

【第Ⅶ部】

第 21 章

『IPCC 第 5 次評価報告書 第 1 作業部会報告書 政策決定者向け要約（気象庁訳）』，気象庁，http://www.data.jma.go.jp/cpdinfo/ipcc/ar5/index.html.

『地球温暖化―そのメカニズムと不確実性』，日本気象学会地球環境問題委員会編，朝倉書店，2014.

『絵でわかる地球温暖化』，渡部雅浩，講談社，2018.

第 22 章

『気象統計情報』，気象庁（気象庁ホームページ）.

『豪雨の災害情報学』，牛山泰行，古今書院，2012.

『災害の事典』，萩原幸男編，朝倉書店，1992.

『地球温暖化はどこまで解明されたか―日本の科学者の貢献と今後の展望 2006』，小池勲夫編，丸善，2006.

『地球水環境と国際紛争の光と影―カスピ海・アラル海・死海と 21 世紀の中央アジア／ユーラシア』，水文・水資源学会・編集出版委員会編，信山社サイテック，1995.

『地盤の科学』，土木学会関西支部編，講談社ブルーバックス，1995.

『防災事典』，日本自然災害学会監修，築地書館，2002.

第 23 章

『水の日本地図―水が映す人と自然』，東京大学総括プロジェクト機構「水の知」（サントリー）総括寄付講座編，朝日新聞出版社，2012.

『Handbook of Drought Indicators and Indices』, Integrated Drought Management Programme, 2016.
第 24 章
『変貌する現代オーストラリアの都市社会』, 堤　純編, 筑波大学出版会, 2018.
『サスティナビリティ・サイエンスとオーストラリア研究—地域性を超えた持続可能な地球社会への展望』, 宮崎里司・樋口くみ子編, オセアニア出版社, 2018.
第 25 章
『持続可能な社会システム』（岩波講座地球環境学 10）, 内藤正明・加藤三郎編, 岩波書店, 1998.
『生態学の基礎 上』, オダム E. P.（三島次郎訳）, 培風館, 1974.

図表の引用文献

【第 I 部】

第 3 章
Myneni, R. B., Keeling, C. D., Tucker, C. J., Asrar, G. and Nemani, R. R., 1997: Increased plant growth in the northern high latitudes from 1981 to 1991. *Nature,* 386, 698-702.
Richard, J. A. and Jia, X., 1998: *Remote Sensing Digital Image Analysis: An Introduction,* 3rd ed., Springer, Berlin.
Tucker, C. J., Dregne, H. E. and Newcomb, W. W., 1991: Expansion and contraction of the Sahara Desert from 1980 to 1990. *Science*, 253, 299-301.
USGS: Rond-nia, Brazil, 1975, 1986, 1992. Earthshots: Satellite images of environmental change. http://earthshots.usgs.gov/Rondonia/Rondonia.
小口　高・斉藤享治, 1999：ポーランドにおける歴史的景観の分布と自然・人文環境—GIS による分析. 埼玉大学教育学部地理学研究報告, 19, 41-59.
高阪宏行, 2000：GIS を利用した火砕流の被害予測と避難・救援計画—浅間山南斜面を事例として. 地理学評論, 73A, 483-497.
中村康子, 1995：秩父山地における斜面中腹集落住民による自然条件の認識と土地利用. 地理学評論, 68A, 229-248.
バーロー P. A.（安仁屋政武・佐藤　亮訳）, 1990：『地理情報システムの原理：土地資源評価への応用』, 古今書院.
Longley, P. A., Goodchild, M. F., Maguire, D. J. and Rhind, D. W., 2005: *Geographic Information Systems and Science,* 2nd ed., John Wiley & Sons, Chichester.

【第 II 部】

第 4 章
田中　博, 2004：『NHK 高校講座　地学』（2004 年度）, 日本放送出版協会.
和達清夫監修, 1974：『気象学事典』, 東京堂出版.
田中　博, 2007：『偏西風の気象学』, 成山堂書店.
田中　博, 2017：『地球大気の科学』, 共立出版.
Musk, L. F., 1988: *Weather System*, Cambridge University Press, Cambridge.
第 5 章
Ueda, H., Hori, M. and Nohara, D., 2003: Observational study of the thermal belt over the slope of Mt. Tsukuba. *Journal of the Meteorological Society of Japan*, 81, 1283-1288.
第 6 章
植田宏昭, 2012：『気候システム論』, 筑波大学出版会.
Khromov, S. P., 1957: Die geographishe Verbreitung der Monsune. *Petermanns Geographische Mitteilungen*, 101, 234-237.
Murakami, T. and Matsumoto, J., 1994: Summer monsoon over the Asian continent and western North Pacific. *Journal of the Meteorological Society of Japan,* 72, 719-745.

【第Ⅲ部】

第 8 章

Jones, P., 1983: *Hydrology*, Basil Blackwell, Oxford.

Shiklomanov, I. A. ed., 1997: *Comprehensive Assessment of the Freshwater Resources of the World*, World Meteorological Organization (WMO).

榧根　勇，1992：『地下水の世界』，日本放送出版協会.

第 9 章

蔵治光一郎，2003：『森林の緑のダム機能（水源涵養機能）とその強化に向けて』，日本治山治水協会.

鈴木雅一，1983：降雨―流出過程における森林の影響．ハイドロロジー，13，1-10.

福嶌義宏，1981：山地小流域の短期流出に関する研究．京都大学学位論文.

Zhang, L., Dawes, W. R. and Walker, G. R., 2001 : Response of mean annual evapotranspiration to vegetation changes at catchment scale. *Water Resources Research*, 37, 701-708.

第 10 章

Back, W., Baedecjer, M. J. and Wood, W. W., 1993 : Scales in chemical hydrology : a historical perspective. In Alley, W. M. ed., *Regional Ground-Water Quality,* Van Nortrand Reinhold, New York, pp. 111-129.

【第Ⅳ部】

第 12 章

大八木規夫，1982：地すべりの構造．アーバンクボタ，20，42-46.

第 14 章

遠藤邦彦，2015：『日本の沖積層―未来と過去を結ぶ最新の地層』．富山房インターナショナル.

藤井理行，2005：極域アイスコアに記録された地球環境変動．地学雑誌，114，445-459.

Goudie, A., 1992 : *Environmental Change,* 3rd ed., Clarendon Press, Oxford.

Lisitsyna, O. M. and Romanovskii, N. N., 1998 : Dynamics of permafrost in northern Eurasia during the last 20,000 years. *Proceedings of 7th International Conference on Permafrost,* pp. 675-681.

Washburn, A. L., 1979 : *Geocryology,* Edward Arnold, London.

Zachos, J., Pagani, M., Sloan, L., Thomas, E. and Billups, K., 2001 : Trends, rhythms, and aberrations in global climate 65 Ma to present. *Science,* 292, 686-693.

コラム

Matsushi, Y., Hattanji, T., Akiyama, S., Sasa, K., Takahashi, T., Sueki, K. and Matsukura, Y., 2010: Evolution of solution dolines inferred from cosmogenic ^{36}Cl in calcite. *Geology,* 38, 1039-1042.

【第Ⅴ部】

第 15 章

石　弘之・沼田　真編，1996：『環境危機と現代文明』（講座文明と環境 11），朝倉書店.

伊藤貴啓，1999：オランダにおける干拓地景観の形成．愛知教育大学地理学報告，88，45-55.

高橋伸夫・田林　明・小野寺　淳・中川　正，1995：『文化地理学入門』，東洋書林.

Schlüter, O., 1952: *Die Siedlungsräume Mitteleuropas in frühgeschichitlicher Zeit,* Part I. For-schungen zur Deutschen Landeskunde, 63, Hamburg.

Biraben, J. N., 1979: Essai sur l'évolution du nombre des hommes. *Population,* 34, 13-25.

第 17 章

Ribereau-Gayon, P. ed., 2000: *Atlas Hachette des Vins de France,* Hachette.

山鹿誠次，1986：人文構成．藤岡謙二郎監修，『新日本地誌ゼミナール 3 関東地方』，大明堂，pp. 16-23.

千葉徳爾，1972：地域構造図について（1）．地理，17（10），64-69.

田林　明，1991：『扇状地農村の変容と地域構造』，古今書院.

【第Ⅵ部】

第 18 章

手塚　章，1991：地域的観点と地域構造．中村和郎ほか，『地域と景観』，古今書院，pp. 107-184.

斎藤　功，1989：『東京集乳圏』，古今書院.

第 19 章

Murayama, Y., 2000 : *Japanese Urban System*, Kluwer, Dordrecht.

中川　正，1995：文化伝播．高橋伸夫ほか，『文化地理学入門』，東洋書林，pp. 187-208.

Interregionale Arbeitsmarktbeobachtungsstelle（国際労働市場監視所）：Die Grenzgängerströme der Großregion. https://www.iba-oie.eu/.

第 20 章

手塚　章，1991：地域的観点と地域構造．中村和郎ほか，『地域と景観』，古今書院，pp. 107-184.

石井英也，1992：『地域変化とその構造―高度経済成長期の農山漁村』，二宮書店．

加藤政洋・山下亜紀郎，2011：大阪の水環境；地理的特徴と発展過程．谷口真人ほか編，『アジアの都市と水環境』，古今書院，pp. 41-50.

コラム

宮崎里司・樋口くみ子編，2018：『サスティナビリティ・サイエンスとオーストラリア研究―地域性を超えた持続可能な地球社会への展望』，オセアニア出版社．

堤　純編，2018：『変貌する現代オーストラリアの都市社会』，筑波大学出版会．

【第Ⅶ部】

第 22 章

Collaborating Centre for Research on the Epidemiology of Disasters (CRED): EM-DAT : The OFDA / CRED International Disaster Database. https://www.emdat.net/.

第 23 章

鈴木和美・山中　勤，2004：Palmer Drought Severity Index (PDSI) を用いたモンゴルの旱魃の解析．筑波大学陸域環境研究センター報告，5，3-12.

Joint Institute for the Study of the Atmosphere and Ocean (University of Washington), 2018: Sahel Precipitation Index (20-10N, 20W-10E), 1901-2017. doi:10.6069/H5MW2F2Q.

ブラック M・キング J.,（沖 大幹監訳，沖　明訳）2010：『水の世界地図 第 2 版』，丸善．

第 24 章

堤　純，2018：気候変動と自然災害が人間社会へもたらす影響．宮崎里司，樋口くみ子，『サスティナビリティ・サイエンスとオーストラリア研究―地域性を超えた持続可能な地球社会への展望』，オセアニア出版社，pp. 15-28.

第 25 章

U. S. National Research Council, 1999: *Our Common Journey : A Transition toward Sustainability*, National Academy Press, Washington DC.

Odum, E P., 1971: *Fundamentals of Ecology*, 3rd ed., Saunders, Philadelphia.

＊上記以外の図・写真の提供者（本書の執筆者を除く）

口絵 7　気象庁提供

図 5.4　榊原保志氏

図 9.1　ハバードブルック試験流域ホームページ（Hubbard Brook Information Oversight Committee）

図 22.5　建設省天竜川上流工事事務所提供

キーワード索引

ア 行

カ 行

サ 行

タ 行

ナ 行

ハ 行

マ 行

ヤ 行

ラ 行

【執筆者所属・分担一覧】　五十音順

執筆者		所属	執筆担当部分
浅沼　順	Jun Asanuma	筑波大学生命環境系	8，22 章
池田　敦	Atsushi Ikeda	筑波大学生命環境系	14，21 章，Ⅳ部コラム
石井 正好	Masayoshi Ishii	筑波大学生命環境系	7 章
植田 宏昭	Hiroaki Ueda	筑波大学生命環境系	5，6，7 章，Ⅰ部コラム
上野 健一	Kenichi Ueno	筑波大学生命環境系	5，22 章
恩田 裕一	Yuichi Onda	筑波大学生命環境系	1，9，22 章
釜江 陽一	Youichi Kamae	筑波大学生命環境系	21 章，Ⅰ部コラム
木村 富士男	Fujio Kimura	筑波大学名誉教授	5，22 章，Ⅱ部コラム
久保 倫子	Tomoko Kubo	筑波大学生命環境系	16 章
日下 博幸	Hiroyuki Kusaka	筑波大学計算科学研究センター	2，5，22 章，Ⅱ部コラム
呉羽 正昭	Masaaki Kureha	筑波大学生命環境系	18，19 章
杉田 倫明	Michiaki Sugita	筑波大学生命環境系	2，9 章
関口 智寛	Tomohiro Sekiguchi	筑波大学生命環境系	13，22 章
田瀬 則雄	Norio Tase	筑波大学名誉教授	10 章
田中　正	Tadashi Tanaka	筑波大学名誉教授	8 章
田中　博	Hiroshi Tanaka	筑波大学計算科学研究センター	4，7 章
辻村 真貴	Maki Tsujimura	筑波大学生命環境系	8，9 章
堤　純	Jun Tsutsumi	筑波大学生命環境系	24 章，Ⅵ部コラム
手塚　章	Akira Tezuka	筑波大学名誉教授	17 章
仁平 尊明	Takaaki Nihei	北海道大学大学院文学研究科	2，20 章
八反地 剛	Tsuyoshi Hattanji	筑波大学生命環境系	12 章，Ⅳ部コラム
林　陽生	Yosei Hayashi	筑波大学名誉教授	1，6，21，22 章
福島 武彦	Takehiko Fukushima	筑波大学名誉教授	25 章
松井 圭介	Keisuke Matsui	筑波大学生命環境系	16 章
松岡 憲知	Norikazu Matsuoka	筑波大学生命環境系	1，2，14 章
松倉 公憲	Yukinori Matsukura	筑波大学名誉教授	11 章
松下 文経	Bunkei Matsushita	筑波大学生命環境系	3 章
森本 健弘	Takehiro Morimoto	筑波大学生命環境系	2，3，15 章
山下 亜紀郎	Akio Yamashita	筑波大学生命環境系	20 章
山中　勤	Tsutomu Yamanaka	筑波大学生命環境系	10，21，22，23 章

【編者所属一覧】

編　者		所　属
松岡 憲知	Norikazu Matsuoka	筑波大学生命環境系（地球環境科学専攻）
田中　 博	Hiroshi Tanaka	筑波大学生命環境系（地球環境科学専攻）
杉田 倫明	Michiaki Sugita	筑波大学生命環境系（地球環境科学専攻）
八反地 剛	Tsuyoshi Hattanji	筑波大学生命環境系（地球環境科学専攻）
松井 圭介	Keisuke Matsui	筑波大学生命環境系（地球環境科学専攻）
呉羽 正昭	Masaaki Kureha	筑波大学生命環境系（地球環境科学専攻）
加藤 弘亮	Hiroaki Kato	筑波大学生命環境系（環境バイオマス共生学専攻）

書　名　地球学シリーズ 1
改訂版 地球環境学—地球環境を調査・分析・診断する—
Geoenvironmental Sciences, Revised Edition (Geoscience Series 1)

コード　ISBN978-4-7722-5319-2

発行日　2021（令和 3）年 2 月 5 日　改訂版 第 2 刷発行
2007（平成 19）年　4 月 10 日 初版 第 1 刷発行
2010（平成 22）年　2 月 17 日 初版 第 2 刷発行
2014（平成 26）年 12 月 10 日 初版 第 3 刷発行
2019（平成 31）年　3 月 16 日 改訂版第 1 刷発行

編　者　松岡憲知・田中 博・杉田倫明・八反地 剛・松井圭介・呉羽正昭・加藤弘亮

発行者　株式会社 古今書院　橋本寿資
印刷所　株式会社 太平印刷社
製本所　株式会社 太平印刷社
発行所　古今書院　〒 101-0062 東京都千代田区神田駿河台 2-10
TEL/FAX　03-3291-2757 / 03-3233-0303
振　替　00100-8-35340
ホームページ　http://www.kokon.co.jp/　検印省略・Printed in Japan